银瓶里的贡茶　等待了千年

U0254890

绿茶　　　　　　　黄茶　　　　　　　黑茶

发端于唐代蒸青饼茶（唐代炒青散茶亦存在但不为主流），炒青工艺绿茶主要形成于明代。

发端于唐代蒸青饼茶，明代将湿热作用促使叶色"黄变"现象加以利用。清代蒙山已有用"以纸裹叶"（蒙顶黄芽湿热闷黄工艺雏形）的方法制作"仙茶"（黄茶）的记载。

发端于唐代蒸青饼茶，主要用于茶马贸易，"南走百越，北临五湖"，其色如故。五代称火番饼、元代称西番茶，明代称乌茶、黑茶。后人形成了黑茶"渥堆发酵"的工艺。

白茶

青茶

红茶

发端于唐以前，先民"采叶做饼"，将茶叶采摘后晒干，是对其朴素的利用。明代以来有茶以"生晒者为上"的说法，逐渐形成了白茶的"萎凋""干燥"等工艺。

发端于明代，炒青绿茶诞生后，因山路颠簸，茶叶叶缘破碎，茶梗"走水"散发香气，人们在此基础上发展了"做青"工艺，并与绿茶"杀青"工艺，红茶"发酵"工艺相结合，茶叶花香馥郁，滋味独特。

发端于明代，因采摘的鲜叶来不及制作，导致其中多酚类物质受生物酶的氧化而红变，人们对此现象加以利用，逐渐形成了红茶的"发酵"工艺。

國家圖書館

杨瑞 著

国茶档案

蒙顶黄芽

四川科学技术出版社

雨雾蒙涞，茶畦千点：
一切就在历史的长河中，
娓娓道来⋯⋯

黄茶不易

四川雅安蒙顶山（也称蒙山）是中国黄茶的主要产区之一，蒙顶黄芽是采摘早春第一批新芽（一斤蒙顶黄芽大概需要3万～5万个茶芽）制作的黄茶，其制作工艺也是黄茶工艺的代表。

黄茶是微发酵茶，主要加工工序为：杀青—闷黄—干燥，比绿茶（不发酵茶）加工多了一步"湿热闷黄"的工序，又比黑茶（后发酵茶）"渥堆发酵"的程度低。简单来说，可以理解为黄茶处于绿茶到黑茶的"中间状态"。

正是在这个湿与热"闷黄"的过程中，茶鲜叶中的茶多酚（涩味）发生"非酶促氧化"、含量降低，而氨基酸（鲜爽味）、可溶性糖（甜味）含量上升。因此，黄茶茶汤涩味、刺激性、收敛性均比绿茶弱，而鲜爽味、甜味增加，口感醇和甘爽。

黄茶关键工序"湿热闷黄"的临界点非常难掌握：闷得不够，干茶色泽偏绿，滋味带绿茶的苦涩味；闷过了，干茶颜色偏黑，香气带水闷味，滋味平淡。按照蒙顶黄芽传统"三炒三闷"的工艺制作，至少要三天时间，如此劳神费力还不一定能达到预期效果，加上黄芽鲜叶成本也非常高，因此蒙顶黄芽产量十分有限。

好的黄芽应是"黄汤黄叶"，即茶汤汤色和冲泡后的茶叶叶底呈淡黄明亮的状态，古人将其描述为"色黄而碧"。这与绿茶因长时间存放导致品质下降而浑浊的"暗黄色"有着非常明显的差别。

"黄芽"一词为茶名最早见于唐代开元至长庆年间李肇所撰的《唐国史补》"寿州有霍山之黄牙"。但彼时"黄芽"是指茶树品种，以自然发黄的茶芽蒸制而成的团饼茶，与如今"湿热闷黄"工艺所制作的现代意义上的黄茶无关。

"黄芽"名称也有借名之意，道家烧丹以铅华为黄芽，"阴阳之始，玄含黄芽""铅外黑内怀金华"（《周易参同契》），金华即黄芽。故茶之黄芽，取义茶之精华也。

18世纪茶叶生成及贸易图两册（下）

历史上，黄茶的发展经历了三个阶段：一是唐宋时期饼茶加工与存放过程中无意识地伴有"湿热"而使茶"滋味不变"的阶段；二是明代散茶发展后，人们对炒青绿茶加工中不及时驱散"热气"而产生"黄变"现象的观察阶段；三是人们主动利用"湿热"作用对茶叶进行"闷黄"的阶段。

唐代蒙山贡茶"蒙顶石花"（饼茶）蒸青后要趁热捣碎、焙火存放，清代蒙山"仙茶"加工中出现"以纸裹叶"的步骤，都可见蒙顶黄芽"湿热闷黄"工艺的雏形，可视为"蒙顶黄芽"制作工艺的前身。

1959年，蒙顶黄芽"三炒三闷"工艺得以传承恢复；1963—1965年，四川省国营蒙山茶厂经三年研制，系统总结出蒙顶黄芽工艺技术，定蒙顶黄芽为"黄茶"类。

2021年，"蒙山茶传统制作技艺"成功入选第五批国家级非物质文化遗产代表性项目名录，是全国茶叶制作中唯一具有多品类茶的制作技艺。

黄茶的滋味，就这样，从唐人的茶碗中，传承至今。

让我们一同走进蒙顶黄芽的前世今生，走进古老蒙山的峰峦深处……

银瓶里的贡茶

清代帝王非常重视贡茶，"国不可一日无君""君不可一日无茶"。

贡茶不仅关乎宫廷生活，更对社会经济有着重要的影响。

要了解清代贡茶，还得从皇室的茗饮之风说起。

清初，翰林院编修查慎行（1650—1727）在《海记》中详细记载了康熙年间各地进贡皇室的茶叶数量，仅江苏、安徽、浙江等70多个府县，每年进贡的茶叶便达13 900多斤。

乾隆在位的60年间（1736—1795），清代正处于康乾盛世，加之乾隆皇帝酷爱饮茶，因此从乾隆八年（1743）开始，每年正月初二至初十便选择吉日在重华宫举行茶宴。

清"茶库"铁火印

清·佚名《弘历岁朝行乐图》（局部）

清代四川巡抚进贡的各类物品，包括蒙山仙茶、陪茶、菱角湾茶等：

……仙茶二银瓶，陪茶二银瓶，菱角湾茶二银瓶，春茗茶二银瓶，观音茶二银瓶，名山茶二锡瓶，青城芽茶十锡瓶，砖茶一百块，锅焙茶九包……

故宫博物院馆藏清代蒙山"仙茶"

"观音茶"

"陪茶"

"菱角湾茶"

"春茗茶"

蒲三匣

四川督年貢進

黄薇香一千枝紅藏香一千枝唵叭香三匣吉香三匣仙茶二銀瓶陪茶二銀瓶菱角灣茶二銀瓶春茗茶二銀瓶觀音茶二銀瓶名山茶二錫瓶青城芽茶十錫瓶磚茶一百塊鍋焙茶九包百合粉三匣蕈薺粉三匣藕粉三匣香菰一箱丁香菌一箱名山筍尖一箱

閩浙督字缺進

糕八匣蓮子四箱

福圓乾四箱狀元青果二桶蜜羅柑四桶紅黃柚

福建撫字缺進

福圓乾六箱狀元青果四桶蜜羅柑六桶紅黃柚六桶釀棗

清·吴振棫《养吉斋丛录 卷二十四》

地方官员为迎合皇家饮茶之风，费尽心思培育新的贡茶品种，改进制茶工艺，逐步形成了兼具各地方特色的全国一体化贡茶体系，推动着中国茶不断进步，也在很大程度上促进了地方经济的发展。

清代宫廷贡茶的品类有近百种之多，其中档案所见进贡时间持续较长的有60余种。北京故宫博物院珍藏的贡茶实物中，采用最为珍贵的银瓶包装的，有且仅有五款茶。它们均来自四川雅安蒙山地区，分别为"仙茶""陪茶""菱角湾茶""春茗茶""观音茶"。

同时期馆藏的还有"陈蒙茶"（与蒙山茶相似度极高，据推测为陈放的"蒙山茶"），清代宫廷饮茶崇尚"贵新贱陈"，"陈蒙茶"的存在却与此风气相悖，蒙山茶在皇家心中的地位可见一斑。

茶是中国代表性的文化符号之一。中国是世界茶树的原产地，距今约6 000年前，我国已开始种植茶树。先民对茶的饮用自汉代起，从巴蜀地区，一路向长江中下游传播。魏晋以来，中国名茶产区的概念逐渐形成，历经千年，演变为今天的西南、华南、江南、江北四大主产茶区。

依托"丝绸之路""茶马古道"以及"万里茶道"等，中国茶一路行销边疆，远播世界，形成了贯穿东西，纵横南北的茶路网络。

茶路万里、茶韵绵长，如今全球160多个国家和地区都与茶有着不解之缘……

漂洋过海的 Yellow Tea

"这就是黄茶吗！我知道黄茶，它是经过微发酵的茶！"一名三十五六岁、衣着时髦的外国游客从人群中来到了米兰世界博览会中国馆的茶席边。

2015年米兰世界博览会，中国集合了20个茶叶区域公共茶品牌，50个企业茶品牌集中亮相，并按六大茶类分主题展出。

为了这次世界博览会的展示，主办方从中国30余所涉茶高校中，首先层层选拔出41名优秀的茶学大学生，再优中选优最终留下了10名代表，组成了独具特色的"中国大学生茶艺团"，向世界讲述"中国故事中国茶"，成为博览会上一道亮丽的风景线。

2015年8月6日是"黄茶主题日"，雅安的蒙顶黄芽正是当天的主角。作为"中国大学生茶艺团"的成员和来自主产区的大学生代表，黄茶是我的主要研究方向，我格外兴奋。

金色午后，阳光正好。

场馆内人头攒动，精心设计的茶席边，人们被某种宁静吸引，纷纷驻足。

异国他乡，竟有外国游客知道黄茶，"震惊"之余，我将冲泡好的蒙顶黄芽递给他，说："这就是中国特有的黄茶，它来自四川雅安，柔和、醇厚、清甜。"

带着礼貌且亲和的笑容，他深吸一口气，双手接过这盏想象中的Yellow Tea，放于鼻下闻了又闻，随后小口慢品，那双棕色的眼睛，流露出了喜悦且不可思议的神情。放下茶盏，他难掩激动地说："真的是甜而醇厚！"

我邀请他闻闻干茶香，他俯身轻轻吸气，见他眉宇舒展，我也开心地笑了，他感叹道："这香气太独特了，我还想再喝一杯。"

一直以来黄茶都是六大茶类中之小众者。蒙顶黄芽对于大多数人而言，或是闻所未闻，或是难睹真容。

交流中，他问我黄茶是怎么发酵的。我说："黄茶发酵，不是生物酶的作用，而是湿度和温度的功劳。"他显然很感兴趣。我继续解释道："其实，黄茶发酵的专业称呼应该是'非酶促氧化'，是利用湿与热的作用使茶多酚，就是茶叶中的涩味物质发生氧化反应，进而使茶汤滋味变得更加醇和。"

他睁大眼睛，频频点头，说中国茶真是太神奇了。

临别时，他介绍自己是当地人，在米兰开了家餐厅，也因此对味道的探索充满热情。他很喜欢中国茶，喜欢它口味的平衡和它带来的内心的平静，还说有机会一定要去雅安！

1915年春，巴拿马万国博览会上，中国茶第一次集体亮相世界。当时正值第一次世界大战爆发不久。

虽然路途遥远，且所运物品数量庞大，这些都无法阻止中国有意要在这次博览会中一显身手之志。

当时中国只得到24万美元作为参展经费，这些经费要在约5 400平方米的场地内，搭建9个仿照中国传统宫廷建筑风格的陈列馆。

中国所有参展品在上海装运后，历经20多天才抵达旧金山。

之所以如此劳师动众，是因为当时在欧洲市场上，印度、锡兰（今斯里兰卡）茶叶已有将中国茶叶取而代之之势。

历经9个半月，经大赛评委会500名审查员裁定，中国共获得各种大奖74项，金牌、银牌、铜牌、名誉奖章等1 200余枚，在全部31个参展国中独占鳌头。

外国媒体赞中国为"东方大梦初醒、前途无量之国"……

时过境迁，2015年米兰世界博览会距上一次中国茶集体走出国门，已整整百年。

2014年，我曾赴德国杜塞尔多夫交流访学。当时接待我们的Herman教授非常喜欢中国文化，得知我的报告主题与茶相关后他非常欣喜，特地安排出时间，希望我能给他的学生多讲讲中国茶。

同学们报名非常踊跃，一名男生说，他们最常喝的是快销饮料，从来没有喝过中国茶。中国茶的冲泡体现着中国人的生活方式，这是他们十分感兴趣的。

分享期间，我拿出"漂洋过海"的盖碗茶具与茶叶，邀请了三位同学到讲台前轮番体验中国茶的冲泡。他们仔细模仿我拿盖碗的动作，没想到这小小的盖碗中，还蕴含着中国人"天地人和"的思想。Herman教授全程拿着相机录相，生怕落下一个关键点。

回国前夕，Herman教授特地邀请我去他家做客。他家的客厅安装了落地窗，打开窗帘就是草坪与花园，抬眼望去，伴着夕阳的光芒，远方森林若隐若现，我开始的一点小紧张也一扫而空。

环顾四周，教授家里竟然有中国的竹叶青、金骏眉、岩茶、老白茶，还有好多来自世界各地的各式茶具，茶具背后还摆放着一排德文的中国菜谱。

他说："我非常喜欢中国茶，我知道雅安，但我从来没有喝过雅安的茶。"

我拿出早已准备好的蒙顶黄芽交给教授，他非常认真地欣赏着这款茶，说有一股甜甜的"烘焙"的香气。

晚餐过后，我开始为他和他的妻子冲泡蒙顶黄芽，他询问我要泡多长时间。我说中国人品茶讲究天时地利人和，不同的茶，冲泡时间、水温都不同，不同的人，不同的心境，不同的口感偏好，泡出的茶味也不同，这正是中国茶的魅力。如果一定要有个参数，大概是15秒。

见有准确的时间，他忙转身拿出了一个沙漏，饶有兴致地说："我要记个时。"

品茶时，他的妻子为我们演唱了教会的歌曲，高音如天籁，安宁而动人。凝固了时间，安住了心灵。

临别时候，教授送给我一张唱片，是他妻子在教会唱诗班的专辑，说真希望能亲自到雅安，再好好体会这么好的中国茶。

望着异国的天空，我恍然如梦。
千年来的人与事，仿佛都在茶里交织着：
我看见，荒原大漠上走过的驼队与番商，
我看见，丝路沿途兴起的城镇与市集，
从长安到罗马，从朱雀大街到阿皮亚大道，
从周秦汉唐到文艺复兴，
从马帮驼队到"太平号"飞剪船，
从宋人的杯盏到公爵夫人的餐桌，
文明在此碰撞，
人们惊叹于这一片树叶的神奇，
沉迷于这苦涩甘鲜的滋味。
万籁寂静，时光停歇，
藕丝衫袖有余香，
莫道是他乡……

杨 瑞

引子

蒙山茶，

是川茶历史中璀璨的明珠，在人们的杯盏中传承了千年。

"扬子江心水，蒙山顶上茶"的称誉自明代起即广为流传。

唐代的"蒙顶石花"（今天蒙顶黄芽的前身），

在全国的十七个州郡是"号为第一"的土贡，享有盛名；

"蒙顶甘露"，早在宋代文献中就有"上清岸，产甘露茶"的记载；

"雅安边销茶"，随着历史变迁，有西番茶、火番饼、乌茶、黑茶、南路边茶、藏茶等称谓。

蒙顶黄茶，在这片土地上几经起伏，屡历兴衰；

它有过皇家贡茶的光环，经历过茶马贸易的繁盛，有过"天子郊祭"的殊荣，也经历过战火纷乱的凋敝，千里运输的艰辛。

蒙山茶的变迁，是四川乃至整个中国茶文化发展与演变的缩影。

泡一杯茶，讲一段故事，

听历史的长河中传来的回响……

雅州蒙顶 世界茶源

蒙顶山，又称蒙山，地处四川雅安，北纬30°。四川是世界茶树的原产地之一，也是我国最早的茶叶市场的形成地，蒙山作为四川重要的产茶地，有我国最早人工植茶的文字记载，被誉为"世界茶源"。

对茶最早的利用，包括种植、加工、饮用方式等，也正是从蒙山所在的"西蜀"向长江中下游传播的。

葭萌、荈、蔎、茶、槚

五代·顾闳中《韩熙载夜宴图》（局部）

　　唐宋时期的"蒙顶石花"（饼茶），清代的蒙山"仙茶"，都是当时最负盛名的贡茶，在它们的制作工艺中可见现代蒙顶黄芽"湿热闷黄"的雏形。

　　蒙山茶，刘禹锡曾见"白泥赤印走风尘"；白居易回首称"茶中故旧是蒙山"；文彦博感慨"旧谱最称蒙顶味"；王越赞叹"应是人间第一茶"。

　　这片土地，几经起伏，屡历兴衰；这里的茶，却始终为人们所偏爱。

　　蒙山贡茶的采摘标准、加工过程、饮用方法等，无不映射着中国茶文化发展的历程。

蒙顶黄芽　皇家贡茶

宋·宋徽宗《文会图》（局部）

宋代

点茶之冠 /078

宋代，贡茶重点转至福建建州，北苑贡茶"龙团凤饼"声名鹊起，但蒙山茶依旧是人们念念不忘的"蜀茶之首"。

宋代蒙山饼茶制作工艺更加精细，其加工中仍伴有无意识的"湿热闷黄"的作用，滋味不输于北苑贡茶。

蒙山茶可煎、可点，饮法多样，是宋人生活中的宠儿。

> 小科普：如何科学冲泡好一杯茶

朝堂上，文彦博力挺雅州府蒙山茶；雷简夫一心重振蒙山茶。

> 小科普：茶叶冲泡常见问题

蒙山茶事 /114

甘露祖师吴理真的故事，是从宋代流传开来的。甘露茶，也是宋代蒙山的名茶。

西域的不动法师结合蒙山茶事，编著了普济六道众生的《蒙山施食仪》。

> 小科普：加工工艺对蒙顶甘露品质的影响

茶马互市 /130

茶马贸易兴于唐，盛于宋，两宋皇帝多次诏令雅安茶"专以易马，不得他用"。

> 小科普：雅安黑茶在各个历史时期的称谓

 元代

蒙山伴元曲 /144

元代的兰膏茶、酥签茶受藏族地区饮茶文化的影响，把"酥"加入茶汤之中调和而成。

制茶过程的简化与改革，从元代正式开始，从蒸青团饼茶逐渐向炒青散茶过渡。

"蒙山顶上春光早，扬子江心水味高。"蒙山茶伴着元曲声声传入寻常百姓家。

金·黑釉执壶

清·姚文瀚《摹宋人文会图》（局部）

散茶革命　/156

明代，散茶代替饼茶成为主流，现代意义的"炒青绿茶"由此发端，人们观察到绿茶炒制不当会产生"黄变"的现象。

散茶瀹泡更重香味，"洗茶"步骤从此发端；茶寮，是明代文人茶事、安放心灵的主要场所。

小科普：需要洗茶吗？

人间第一茶　/171

饮茶方式的改变，带来了饮茶器具的变化，人们"弃黑盏，尚白釉"，紫砂壶、盖碗茶从此流行开来。

明代将领王越感慨陆羽不曾品过风味如此之佳的蒙山茶。

小科普：六大茶类的内在关联

历史的印记，鲜活的档案

葭萌

莽

荙

茶

槚

雅州蒙顶　世界茶源

蒙山茶源

姜桂茶荈出巴蜀

茱萸出芳树颠，鲤鱼出洛水泉。
白盐出河东，美豉出鲁渊。
姜桂茶荈出巴蜀，椒橘木兰出高山。
蓼苏出沟渠，精稗出中田。

晋·孙楚《出歌》

西蜀蒙山，上可远溯何年？

与茶的渊源，又始于何时？

古老的文字，葭萌、荈、葭、茶、櫃，记录着怎样的芬芳与变迁，

让我们一同回到4 000多年前的巴蜀大地……

禹贡蒙山

我们习以为常的作料特产，都有着自己的源起之地。而茶，就是从西南地区的群山深林中穿越千年，走向人们的杯盏。

蒙山，也称"禹贡蒙山"（《汉书·地理志》）。相传大禹治水途中（约公元前2200年），曾对蒙山（及其四周区域）进行开拓整治。

古代蒙山横跨了雅（今雅安市）、邛（今邛崃市）、名（今名山区）、芦（今芦山县）四州县，范围远大于今天的蒙顶山，因其地处川西，人们习惯称之为西蒙、西蜀蒙山，以别于山东临沂的蒙山（东蒙）。

因为茶的缘故，逐渐形成了"蒙顶"产区的概念，也就是今天为人所熟知的四川省雅安市名山区蒙顶山。蒙顶山是千年以来四川最重要的茶叶产区。

《尚书·禹贡》："禹别九州，随山濬川，任土作贡……蔡、蒙旅平，和夷底绩。"其中的"蒙"，指的就是蒙山。

　　蒙山位于北纬30°的黄金产茶地带，古代蒙山地跨雅、邛、名、芦四州县；唐时起，"蒙顶"特指贡茶产地，即邛崃山余脉。最高峰上清峰海拔1 456米，多数茶园海拔800米及以上。蒙山因"雨雾蒙沫"而得名，年平均气温15.4℃，年降水量1 500~2 086毫米，年均降雨天数190天，年平均相对湿度82%，有"西蜀天漏"之称。土壤主要为棕壤和部分黄壤，磷钾含量高，pH值在4.5~5.5，富含有机质（3%~5%），渗透、保水、保肥性好，非常适宜茶树生长。

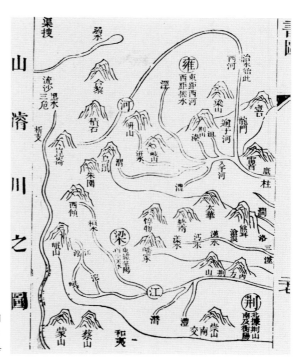

禹贡所载随山濬川之图
引自《书传音释》
宋·蔡沉集传　元·邹季友音释

巴蜀茶源

中唐之前，还没有形成"蒙山茶""蒙顶茶"的概念，但蒙山所在的川西地区，早自先秦起，就与茶渊源匪浅。与茶相关的地名"葭萌"；最早的茶叶加工方式"采叶做饼"；将茶香描述为"莈"，与茶叶采摘时间相关的指代字"荈"；原始的饮用方法有"用葱、姜、橘子芼之"和"茗粥"；有记载的人工种茶痕迹"山陵道旁""园有芳蒻、香茗"；最早的茶叶市场交易"武阳买茶"等等，都与这片土地有关。为人所熟知的西汉蜀地才俊扬雄、司马相如、王褒等都在其相关作品中提到了现今被称作"茶"的事物……

所以后来，西晋文学家孙楚在他的《出歌》中，很自然地用了"姜桂茶荈出巴蜀"的说法。后世提及蜀茶，也有意无意地带着一种追本溯源的意味。

原始的调味，原初的烹饮，在山峦深处，若隐若现。

葭萌

地处四川广元的葭萌关，曾是先秦时期蜀王之弟的封地，"蜀王别封弟葭萌于汉中，号苴侯，命其邑曰葭萌焉"（《华阳国志·蜀志》）。"葭萌"正是先秦时期蜀人对茶的称呼，葭萌关"盖以茶氏郡也"。公元前316年，秦人正是沿着金牛道过葭萌关灭蜀，也带回了蜀地的茶。

用"葭萌"代指茶，可见人们对茶树原始形态之观察。"葭"是芦苇初生时的状态，"萌"有草木萌芽的意思，茶芽初生，柔软细嫩，为了有别于"葭"，而以"葭萌"呼之。

《华阳国志 卷三 蜀志》
东晋常璩撰　嘉庆十九年（1814）刊本

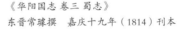

扬雄彩像（清殿藏本）

秦人吞蜀蓄谋已久。秦惠文王曾与蜀王会猎褒谷中，秦人贿蜀人以金帛、美女，再以"石牛粪金"之谋，诱蜀人开凿金牛道。于是蜀王封弟镇守汉中（今广元），署理开凿金牛道和迎接"金牛"事务。公元前316年，秦沿金牛道灭蜀，后开启"茗饮"之事。明末清初的思想家顾炎武在《日知录》里提到："自秦人取蜀而后，始有茗饮之事。"

明代杨慎《古音丛目·萌》引"《汉志》：'葭萌，蜀郡名。'萌，音芒"。《方言》：'蜀人谓茶曰葭，葭萌，盖以茶氏郡也。'"《说文解字》："葭，苇之未秀者。"

　　蒙顶黄芽，顾名思义，是采摘茶树独芽所制的茶。随着气温升高，茶叶依次呈现出不同的开展状态：独芽、一芽一叶初展、一芽一叶、一芽二叶……蒙顶黄芽对原料等级要求极高，全部采摘独芽制作。蒙顶甘露也是以独芽、一芽一叶初展这个范围内的鲜叶制作而成。按照古人的说法，都属于"葭与萌"。

　　越冬后的茶芽一般带有鳞片（起保护越冬芽的作用）、鱼叶（发育不完全的真叶），这是早春第一批茶芽的特点。

茶多酚是茶叶中最重要的内含物之一，体现为茶汤的涩味。随着春季来临，气温升高，光照增强，光照时间延长，茶鲜叶中茶多酚含量会上升。也就是说，夏秋茶中的茶多酚含量高于春茶，所以同样原料等级的绿茶，夏秋茶的苦涩味总体上高于春茶。

荈

西汉时期，蜀人对于茶叶采制已经有了一定的经验，古老的文字"荈"，是茶字出现之前最可能的第一个专指茶的字。司马相如《凡将篇》中有称茶为"荈诧"的记载。蜀人发明"荈"字，意在表达茶叶采摘违背时节，所制作的茶滋味苦涩。因"舛"字形似两足相背，有"违背"之义，"茶晚取者名荈"（宋·司马光《类篇》），正是其义。

后来，"茶（荼）荈"成为三国至魏晋时期流行的对茶的称谓。

末代吴主孙皓（242—284）在宴会中规定臣子要喝七升酒，而韦曜不太会喝酒，孙皓便秘密给他"茶荈"以替代酒饮。可见茶在传播过程中蜀地的文化印记。

于是也就有了孙楚这句"姜桂茶荈出巴蜀"。

皓（孙皓）每飨宴，无不竟日，坐席无能否率以七升为限……曜素饮酒不过二升，初见礼异时，常为裁减，或密赐茶荈以当酒。（《三国志·吴书·韦曜传》）

西晋文学家左思《娇女诗》："心（一作止）为茶荈剧（一作据）"。

葮

　　称茶为"葮"，也是蜀地的方言，指的是茶叶香气。这与原始的茶叶加工方式有关。早期人们将茶鲜叶直接压制成饼，再进一步晒干或者烘干，虽然这种方法难以有效散发茶鲜叶中的青草气味，却使茶叶具有了一定的香气。

　　于是，蜀人专用"葮"这个字来指代有香气的茶：

　　"蜀西南人谓茶曰葮"（西汉·扬雄《方言》）。"葮"本义是香草，《楚辞·九叹·愍命》中"怀椒聊之葮葮兮"指的就是草木的香气，葮葮，即香貌。

杀青，是绿茶、黄茶加工的第一步，其主要目的是通过高温（220～360℃）迅速破坏鲜叶中茶多酚氧化酶的活性（临界温度为80℃），蒸发茶鲜叶中的部分水分，改变叶绿素的存在形式，并且使得茶鲜叶中低沸点的青草气物质挥发散失，高沸点的芳香物质进一步显露，发挥茶香，如顺式青叶醇转化为反式青叶醇。从荼字与茶香的关联可见，早在西汉时期，人们对温度作用于茶叶香气就有了一定的认知。

　　荆巴间采叶作饼，叶老者，饼成以米膏出之。欲煮茗饮，先炙令赤色，捣末，置瓷器中，以汤浇覆之，用葱、姜、橘子芼之。其饮醒酒，令人不眠。（三国魏·张揖《广雅》）

　　早期湖北、四川一带的人们将茶鲜叶直接压制成饼，如果叶老，则加上米糊。饮用时，先用火烤，再捣碎，加作料调成羹饮……这种吃茶方式后来成为唐朝煎茶法的雏形。

武阳买茶

随着茶叶的普及，汉代的武阳——今天的四川彭山，还形成了全国最早的茶叶集市。王褒与仆僮便了的一纸契约，为茶史留下了"武阳买茶"的典故。

西汉宣帝神爵三年（前59）正月，蜀地才俊王褒到成都看望亡友的遗孀杨惠，客居在杨惠家中。杨惠家中有一个仆人名叫便了，王褒常差遣他替自己买酒，便了很不情愿，于是到男主人坟前哭诉道："大夫您买我的时候，可没有叫我替其他男人买酒啊。"王褒得知后，一怒之下从杨惠手里买下了便了，并写下一份要求极为苛刻的"工作守则"，包括："烹茶尽具，已而盖藏……武阳买茶。"（西汉·王褒《僮约》）大意是，（仆人需要）准备好洁净的器皿，烹茶待客……并到临近的武阳购买茶叶。

这也是"茶"字最早被借用来代指"茶"的记载。

西汉初年置长沙国，下辖十三县，即有茶陵，"茶陵者，所谓陵谷生荼茗焉"。长沙出土有西汉石质官印，上刻"荼陵"二字，这里的"荼"字，也是茶的假借字。

"荼"字在《诗经》《礼记》中出现多次，有苦菜、茅秀（茅草类植物种子上所附生的白芒）、萑苕（萑是芦类植物，苕是"苇花"，与茅秀意思相近）等原义。据考证，在《诗经》成书年代北方饮茶尚未普及，故其中"荼"所代表的植物都与"茶"无关。

《诗经名物图解》荼　细井徇撰绘

西汉茶叶遗存，陕西省汉景帝阳陵外藏坑出土

秦-西汉 铜鼻钮"张荼"印

　　"荼"之所以被普遍用作"茶"的假借字，一是"荼"与草本植物的草木芽叶有关，但茶是木本植物，所以后来人们还用了其他字来释茶；二是因为二者在上古时期读音非常相似。

　　所以当人们发现"茶"时，也就自然用带有草木芽之意且读音近似的"荼"字来指代它。

　　当然，以"荼"作为"茶"的假借字，也造成了同字异物的混乱状态。

槚训苦荼

为了更好地注明"茶"的音义，减少同字异义的现象，体现"茶"字在其本义（苦菜）与作为"茶"的假借字上的区别，《尔雅·释木》中出现了："槚，苦荼"一条。槚，指代茶树；苦荼，指代茶的滋味。

槚，从木，最早见于《左传》，原意指楸树。以"槚"字释茶，可以更好地体现茶树木本植物的生物学特性；同时"槚""苦荼"互训，以释巴蜀民间呼茶的习惯用语"kǔ chá"的语音，更有利于人们意会其所指。

晋代郭璞在《尔雅注》中解释"槚"字："树小似栀子，冬生，叶可煮作羹饮。今呼早采者为茶，晚取者为茗，一名荈，蜀人名之苦荼。"可见在晋代，槚、荼、茗、荈等字都出现了明确的茶的含义。

东汉许慎《说文解字》中有："荼，苦荼也，从艸，余声。"宋代徐铉校订时注："此即今之茶字。"继承了《尔雅》之意。

南朝梁代顾野王《玉篇 卷十三 草部》，已明确"荼"字有"除加切"读音（指用"除"字声母与"切"字韵母合成的读音），即"荼"读"茶"音至迟始于南朝梁代。

后来，人们还发明了"槈"字专指茶。槈字见于《玉篇 卷十二 木部》："荼，丈加切，苦槈也。"从字形上再次强调茶是木本植物。

唐代开元年间的《开元文字音义》（成书于735年）中，"茶"字作为俗字被收录，说明这是民间使用的字。

经历了数百年的融合演化，至唐代中期，"荼""槈""茶"字形字义逐渐得以统一，"茶"字就这样演变而来，沿用至今。

四系印纹"茶"字青瓷罍（藏于湖州市博物馆），为东汉末至三国时期的瓷器。其造型古朴，釉色光润，肩部刻有一隶书"茶"字，是我国目前最早发现带有"茶"字铭文的贮茶瓮。说明东汉末至三国时期，"茶"字已作为民间俗字在吴越等地使用。

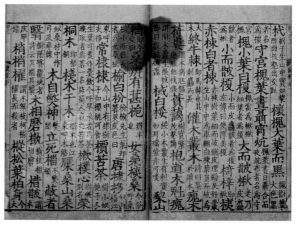

《尔雅 释木第十四》 南宋国子监大字刊本

《尔雅》成书不早于战国，不晚于西汉，是我国古代考证词义和名物的重要文献。《尔雅》首次用文字描述了茶这种植物，"茶"字有"chá"音，可能是从《尔雅》开始。

马王堆汉墓中出土的"槚笥"（可视为一种盛茶用具），也间接反映了西汉时期茶在贵族生活中的地位。

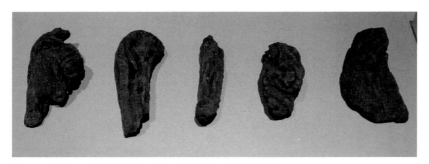

约6 000年前人工种植的茶树根，浙江省余姚市田螺山遗址出土

山陵道旁

与此同时，人们开始尝试着驯化茶树。

《华阳国志》中描述魏晋以前巴蜀物产的概况时提到：

土植五谷……丹、漆、茶、蜜……皆纳贡之……园有芳蒻、香茗……

《神农本草经》有"苦菜"条，南朝陶弘景作注时，认为此条有茶的意思。

一名茶苦，一名选，一名游冬，生益州川谷山陵道旁，凌冬不死，三月三日采，阴干。（宋·《新编类要图注本草》）

这里的"山陵道旁"，以及《华阳国志》中出现的"园"，都可见人工种茶的痕迹。

茶，作为珍贵可食的草木芽，早期主要用以进献给部族首领、君主、领主。自汉代以来，对茶的朴素的利用，有很大一部分是在四川形成的，魏晋以前，川西已在"南安、武阳皆出名茶"（《华阳国志·蜀志》）。蒙山茶正是在这样的环境下酝酿而成的。

益州为汉武帝所置，主体部分即今四川省，以及滇、甘、鄂、黔、陕等地部分地区。

芳茶冠六清

重城结曲阿，飞宇起层楼。累栋出云表，峣嶭临太虚。
高轩启朱扉，回望畅八隅。西瞻岷山岭，嵯峨似荆巫。
蹲鸱蔽地生，原隰殖嘉蔬。虽遇尧汤世，民食恒有余。
郁郁小城中，岌岌百族居。街术纷绮错，高甍夹长衢。
借问扬子宅，想见长卿庐。程卓累千金，骄侈拟五侯。
门有连骑客，翠带腰吴钩。鼎食随时进，百和妙且殊。
披林采秋橘，临江钓春鱼。黑子过龙醢，果馔逾蟹蝑。
芳茶冠六清，溢味播九区。人生苟安乐，兹土聊可娱。

晋·张载《登成都白菟楼》

　　公元前453—前410年，原始青瓷碗及茶叶遗存，山东省邹城市邾国故城遗址西岗墓地一号墓出土。经科技检测确定此残渣为煮（泡）后留下的茶叶残渣，这是考古发现年代最早的饮茶实物证据，距今约2 500年。

谢安尝欲诣纳（陆纳），而纳殊无供办。其兄子俶不敢问之，乃密为之具。安既至，纳所设唯茶果而已。俶遂陈盛馔，珍馐毕具。客罢，纳大怒曰："汝不能光益父叔，乃复秽我素业邪！"于是杖之四十。（《晋书·陆纳传》）

南朝·黄釉刻莲瓣纹盖托

魏晋年间，西蜀地区对茶叶的利用逐渐向长江中下游传播。

随着政治中心的转变，江南逐渐成为茶事活动的中心，茶史记录的重点也随之转向了江南。

在魏晋士族的推动下，茶开始被赋予了丰富的文化内涵，也逐渐成为朴素德行的代表。"以茶养廉""茶为素业"，以及前文提到的"以茶代酒"等典故，都来自这一时期。

东晋时期，谢安拜访陆纳，陆纳没有什么特别的准备，席间只设了简单的清茶和水果，陆纳的侄子陆俶怕怠慢客人，于是私下安排了盛宴，宴饮完毕，陆纳大怒说："你不能替你父亲叔父争光就罢了，反而还污了我的清白的操守。"于是打了侄子40仗。

茶果称"素业"，可见饮茶在当时已与清廉朴素的德行相关联，陆纳此举也开启了后世以茶为"素业"的清俭之风。

"六清"指的是《周礼》中所谓的"六饮"，是供天子用的六种饮料，有水（饮用水）、浆（有醋味的酒）、醴（甜酒）、凉（薄酒）、医（醴和酏混合的饮料）、酏（薄粥），后泛指饮料。

茶冠六清

蜀地的茶，以其优越的生长环境，天然的滋味，打动着与之相遇的人们。

西晋太康初年（280），文学家张载入蜀探望时任蜀郡太守的父亲张收，并对蜀地的山川风物作了一番深入的考察。

而冠居六饮、香溢九州的芳茶，则是蜀地风物首屈一指的代表。

张载是河北人，常年仕宦洛阳，对蜀地产茶早有耳闻，此番入蜀登楼，放眼四望，但见成都楼宇高耸，街道四通，人民生活富足，物产丰盛，尤其是小小的茶叶，滋味独绝，不由感慨：

芳茶冠六清，溢味播九区。

西蜀的茶，已成为时人最喜爱的饮料，滋味芬芳，名盖水、浆、醴、凉、医、酏六饮，流播九州。

明·仇英《竹林七贤图》

茗为何物

"茗"是随着茶文化向长江中下游传播出现的吴语方言词。作为茶使用最广泛的别名和代称由来已久。

《神农食经》已记有"茶茗久服，令人有力悦志"的记载。

人们逐渐发现"荈""茶""茗"所指的都是茶这种植物，只是不同地域的叫法不同。

椒聊之实……蜀人作茶，吴人作茗，皆合煮其叶以为香。（三国吴·陆玑《毛诗草木鸟兽虫鱼疏》）

荈，尺兖反。荈、槚、茗，其实一也。张揖《杂字》云：茗之别名也。（唐·陆德明《经典释文 尔雅音义下》）

东汉和平元年（150）所立张公神碑有"竞苕茗兮给万钱"，苕茗即苦笋，茗谓笋竹萌也。

茗是如何渐渐与茶关联的呢？

在古代，"茗"与"萌"是通用的，都是指草木的嫩芽。自茶传播以来，吴地的人们发现亭亭玉立的茶芽，如雨后初生的嫩笋，茗恰有笋芽萌生的意思，所以人们也就用茗来指代茶的嫩芽。但这种做法当时还不是很普遍，故东汉许慎在《说文解字》中未收录"茗"字。至宋代徐铉校订《说文》时加入新附字："茗，茶芽也。"

随着汉语文字的精确化，"茗"与"萌"分离，"茗"专指茶芽，"萌"泛指草木芽。《玉篇》最早出现了茗的读音："茗，冥顶切，茗荈。"魏晋以来，江南茗饮大行。"茗"从代指茶叶嫩芽最终成为茶应用最广的别称，延续至今。

既然"茗"是草木嫩芽，为什么晋代的郭璞在《尔雅注》中说"早采者为茶，晚取者为茗"呢？

其实二者并不矛盾，由于地理和气候的缘故，西南地区采茶较早，东南地区较晚，郭璞所言早采与晚采的区别也可以解释为产区的不同。再者古时饮茶生煮羹饮，随采随饮，年初正、二月采的是头一年的老叶，之后采的才是当年的新芽，所以晚采的反称为"茗"。还有一种说法是茗与荈可能是在郭注中顺序颠倒，盖由字形相近、传写讹误所致。

其实，只要明确"茗"的本义是初生的茶芽，而"荈"是茶叶老者，正如南北朝《魏王花木志》有"其老叶谓之荈，嫩叶谓之茗"，以及《玉篇》说的"荈，茶叶老者"，至于早晚，只是解释角度不同罢了。

蜀妪卖茶

西晋时期，还流传着蜀地老妪"作茶粥卖"的轶事。

晋惠帝时期，御史中丞傅咸（239—294）在《司隶教》中讲到，一个蜀地的老妇人，叫卖茶粥，被查访的官吏砸了摊子。傅咸为之感慨，为何要禁卖茶粥，为难老妇呢？

闻南方有蜀妪，作茶粥卖，廉事殴其器具。无为，又卖饼于市。而禁茶粥，以困老姥，何哉？

西晋的所谓茶粥，属于比较初级的吃茶阶段，即把采下来的鲜叶放在锅里如煮菜汤一样煮成茶粥，正如同时代郭璞《尔雅注》所云"叶可煮作羹饮"。

傅咸提到有四川老妪以制作、售卖茶粥为生，这说明在当时茶已普及至老百姓，只有百姓经常购买，老妪才可能依靠卖茶粥为生。

魏晋南北朝数百年的纷乱，促使茶的利用随着南北民族的交融和寺院僧侣的游方一路传播，逐渐从药用羹食发展为日常饮用，从贵族的杯盏，走向寻常百姓的桌台。蜀茶也因此传入中原大地，传向吴越江南。

蒙山茶，后来则成为蜀茶的代表。

南朝·青釉刻划莲瓣纹碗

唐·三彩煎茶坐俑和炉模型 河南省巩义市司马家族墓地出土

茶叶主要内含物质

　　茶之所以呈现出丰富多变的滋味感，成为"六清之冠"，源于茶叶中的主要内含物质。

　　水分，是茶鲜叶的主要成分（约占75％）。晒、蒸、烘、炒，如何使茶鲜叶散失水分，发展茶香，是人们从古至今的探索。今天，4~5斤鲜叶才能做出1斤干茶。

　　水分以外，形成茶主要滋味的是其中的干物质（约占25％），包括涩味的茶多酚、苦味的咖啡碱、鲜爽的氨基酸和甘甜的可溶性糖，以及有机酸、芳香物质、维生素等。目前，茶叶中已经分离、鉴定的已知化合物达700余种。

　　茶叶加工是个很神奇的过程，同一棵茶树的鲜叶，因为加工方法的差异，形成了不同的物质变化途径。在不同茶类中，这些物质所占的比例不同，体现出不同的品质特征和功效，比如绿茶，因为茶多酚的保留就更具收敛性，滋味鲜爽；红茶，因为茶多酚的转化就更甘醇。

　　六大茶类正是因为内含物质的组分不同，形成了不同的品质特征和功效。

宋·邛崃窑黄釉茶铫

蒙山，究竟是一片怎样神奇的土地，这里的茶，又有着怎样的发展与变迁……

号为第一

为第一束

第一束帛

一束帛不

束帛不能

帛不能易

蒙顶黄芽　皇家贡茶

大唐茶贡

蒙山顾渚莫争雄

石上生芽二月中，蒙山顾渚莫争雄。
封题寄与杨司马，应为前衔是相公。
　　　　唐·杨嗣复《谢寄新茶》

贡茶初兴

　　唐代以前，关于贡茶只有零星的记载："……土植五谷，牲具六畜……丹、漆、茶、蜜……皆纳贡之。"（《华阳国志》）可见3 000年前，已有诸侯小国向周王室纳贡茶之事。

　　贡茶的确切记载始于晋代，东晋元帝（317—322）时："晋温峤上表贡茶千斤，茗三百斤。"（宋·寇宗奭《图经衍义本草》）南朝山谦之《吴兴记》载："乌程县西二十里，有温山，出御荈。"可见贡茶院雏形。说明三国两晋时期，贡茶在官中已经普遍使用了，但尚未形成一套固定的制度。

析夔州之秭归，巴东置。土贡：纻葛、茶、蜜、蜡。（《新唐书》）。

唐朝建立后，随着国力强盛，政治稳定，饮茶之风日渐普及，宫廷御内、皇族贵胄茶叶消费量日益增大，对茶叶的数量及品质要求也随之增加。

　　于是，自武德二年（619），即唐朝建国的第二年起，归州巴东郡便率先向朝廷进贡茶叶。随即湖北、湖南、江西、浙江、福建、河南、陕西等郡县也开始进贡茶叶。

　　茶叶逐渐成为唐朝土贡（也称民贡）中至关重要的一部分，即茶叶品质优良的州郡每年按照定额数量向朝廷纳贡，名茶及产区的概念逐渐形成。

顾渚官焙

贡茶的另一种形式是政府设立的官焙，从产茶地直供朝廷。

自魏晋以来，江南由于靠近政治中心，交通便利，文化兴盛，茶叶利用得到了快速发展。大唐统一后，江南更是得以迅速开发。大历五年（770），唐朝综合考虑经济、物候与交通等因素，在湖州长兴顾渚山建造了规模宏大、管理精细的"顾渚贡茶院"，这是唐朝的官方贡茶院。

> 唐制，湖州造茶最多，谓之顾渚贡焙，岁造一万八千四百八斤。（宋·钱易《南部新书》）

当然，唐代的贡茶院之所以设在湖州，与茶圣陆羽及当时常州刺史李栖筠以及一大批文人的极力推崇密不可分。陆羽居住、著述皆以湖州为主，对江南一带的茶叶熟悉有加，贡茶院选址建立之前（770），《茶经》已经获得了很高认可（关于《茶经》成书年限，有758年前后之说，多认为至迟不超过761年），陆羽在谈到茶叶产地及品质时多有"湖州上""笋者上"等评语，间接促成了顾渚贡茶院的诞生。

浙西，以湖州上。（唐·陆羽《茶经 八之出》）

羽与皎然、朱放辈论茶，以顾渚为第一。顾渚山在湖州，吴王夫差顾望，欲以为都，故以名山。（宋·晁公武《郡斋读书志 顾渚山记二卷》）

湖州顾渚山贡茶院陆羽像

顾渚山贡茶院

　　与长兴毗邻的吴兴、宜兴都是大唐官方贡茶的产地。"山实东吴秀，茶称瑞草魁"（唐·杜牧《题茶山（在宜兴）》），大名鼎鼎的顾渚紫笋、吴兴紫笋、阳羡紫笋，每年春天都要从浩渺的太湖边，昼夜兼程马不停蹄，赶在"清明宴"前，急驰入京。

　　公元826年的春天，54岁的白居易正在苏州刺史任上。当时，负责督造贡茶的常州刺史贾𫠊和湖州刺史崔玄亮，邀请白居易来参加大唐贡茶院的境会亭茶宴（境会亭是为皇帝递送清明宴"急程茶"的始发站），庆贺贡茶采收完成。

　　只可惜，白居易在开春不久因坠马伤了腰腿，只得卧床养伤。"遥闻境会茶山夜，珠翠歌钟俱绕身……青娥递舞应争妙，紫笋齐尝各斗新。"——遥想太湖那边新芽初采，歌舞声声，境会亭前，灯火通明，你二位老兄品评着湖州与宜兴两地的紫笋好茶，我可是实在羡慕啊！（唐·白居易《夜闻贾常州、崔湖州茶山境会想羡欢宴因寄此诗》）。

蒙山土贡

蒙山所在的雅州地区，是四川最重要的产茶地。然而直到天宝元年（742），才有雅州卢山郡（唐天宝元年，雅州改称卢山郡）向朝廷贡茶的记载。

雅州卢山郡……土贡：麸金、茶、石菖蒲、落雁木。（宋·欧阳修《新唐书 卷四十二》）

蒙山贡茶之所以略晚于其他地区的茶，这与雅安地处川西边陲，战争频发密切相关。

唐朝初期，雅州为戍边之地，唐蕃屡战于此。兵荒马乱，农业萧条，茶叶生产屡屡停滞，再加上交通不便，所以雅安茶在唐初并不显露，蒙山茶也尚未被提及。

五十多年后，大唐贞元十年（794），袁滋出使南诏，途径雅安，才终于将蒙山茶带入了人们的视野。

《新唐书》卷四十二

名山县出茶，有山曰蒙山，联延数十里，在县西南。按《拾道志》尚书所谓蔡蒙旅平者，蒙山也，在雅州，凡蜀茶尽出此。（唐·袁滋《云南记》，见于《太平御览 卷八百六十七 饮食部二十五 茗》）

这是历史上对蒙山茶的第一次明确记载。

唐代宗大历十四年（779）"冬，十月，丁酉朔，吐蕃与南诏合兵十万，三道入寇，一出茂州，一出扶、文，一出黎、雅"。

唐德宗贞元十七年（801）"韦皋奏，大破吐蕃于雅州"。（《资治通鉴 唐纪》）

唐·李昭道《宫殿图页》

蒙顶石花号第一

烟尘四起，马蹄声近，奏报频传，丹凤门开。

公元813年春天，唐王朝的皇宫，官员手捧朱漆小盒，层层相递，急呈宪宗皇帝，盒里装的正是"号为第一"的贡茶"蒙顶石花"。当时的石花茶，多制成饼状，又称"蒙饼"，用纸或绢包裹好，以白泥封口，加盖红色官印，再由专人护送，千里驿站，马不停蹄，直奔京师……

号为第一

中唐以来，雅州时局安定，蒙山茶迅速发展，从唐代众多的名茶中脱颖而出，备受推崇。蒙山茶产区的概念逐渐形成。

当时著名的地理总志《元和郡县图志》以及宰相裴汶所著的《茶述》中，都着重记载了蒙山茶，将其列为上品名品，蜀茶之最：

今宇内为土贡实众，而顾渚（浙江长兴）、蕲阳（湖北蕲春）、蒙山为上。（唐·裴汶《茶述》，811—813年）

蒙山，在县南一十里，今每岁贡茶，为蜀之最。（唐·李吉甫《元和郡县图志卷三十二》，813年）

自此，"蒙山茶"千呼万唤始出来，频繁出现在史书之中，成为蜀茶，乃至全国茶品之冠，风头不弱于官贡顾渚茶，备受皇室贵胄、文人墨客的推崇。

唐代《唐国史补》（成书于825年）中，更是将"蒙顶石花"列为"号为第一"的贡茶之首。

风俗贵茶，茶之名品益众。剑南有蒙顶石花，或小方，或散牙，号为第一。

风俗贵茶茶之名品益众剑南有蒙顶石花或小方或散牙号为第一湖州有顾渚之紫笋东川有神泉小团昌明兽目峡州有碧涧明月芳蕊茱萸寮福州有方山之露一作牙婺州有东白陵常州有义兴之紫笋婺州有衡山岳州有浥湖之含膏寿州有霍山之黄牙蕲州有鸠坑洪州有西山之白露州有鼒门团黄而浮梁之商货不在焉酒则有郢州之富水乌程之若下荣阳之土窟春富平

唐·李肇《唐国史补·卷下》

蒙山顾渚

公元805年，33岁的刘禹锡在"永贞革新"失败后，连遭贬黜，来到湖南常德，在闲于山水的时间里，他写下了著名的《西山兰若试茶歌》（一说作于苏州任上）。

山僧后檐茶数丛，春来映竹抽新茸。
宛然为客振衣起，自傍芳丛摘鹰觜。
斯须炒成满室香，便酌砌下金沙水。
骤雨松声入鼎来，白云满碗花徘徊。
悠扬喷鼻宿酲散，清峭彻骨烦襟开。
阳崖阴岭各殊气，未若竹下莓苔地。
炎帝虽尝未解煎，桐君有箓那知味。
新芽连拳半未舒，自摘至煎俄顷馀。
木兰沾露香微似，瑶草临波色不如。
僧言灵味宜幽寂，采采翘英为嘉客。
不辞缄封寄郡斋，砖井铜炉损标格。
何况蒙山顾渚春，白泥赤印走风尘。
欲知花乳清泠味，须是眠云跂石人。

唐·长沙窑青釉褐彩"茶垸"铭碗

刘禹锡出生的时候（772），大唐湖州的顾渚山贡茶院刚刚设立（770）不久。他被贬常德的时日里（805—815），又适逢蒙山茶崭露头角。可以说，刘禹锡跌宕坎坷的一生中，恰好见证了大唐贡茶的兴盛。

刘禹锡在诗中说，我闲来山中，和尚为我采下似"鹰觜"的新芽，即炒即煮，既快且好，茶叶香色得以最大程度地保留，实在是太美妙

"斯须炒成满室香""自摘至煎俄顷馀"，可见炒青散茶在唐代已初露端倪，为我们探寻唐代茶叶加工方式提供了重要的线索。

唐·佚名《唐人宫乐图》

了！和尚说，这是只有在幽寂的山中才能体会的"灵味"，若是封装好寄到您的住处，又用"砖井"之水和铜炉烹煮，则滋味大大减少。

君不见，蒙山茶、顾渚山茶，千里入京，虽然以白泥封口，加盖红色官印，快马加鞭，直奔京师，由不得半点耽搁，却难免失了山中真味。

所以啊，要想喝到好茶，不到山野深林，不入白云深处，不能倚石而卧、戴月而眠，又怎可能品得出来这阳崖阴岭的不同，这木兰沾露的香气，又失了多少真趣呢：欲知花乳清冷味，须是眠云跂石人啊。

刘禹锡虽仕途失意，但得入山水怀抱，又有好茶长伴，岂是庙堂之中可得品味的呢。

蒙山茶是当时全国最富盛名的茶品之一，顾渚与蒙山，一个是大唐皇家贡茶院，一个是公认的好茶产地，同为好茶，难分高下，二者经常并列出现于诗人笔下，实可谓：蒙山顾渚莫争雄！

国茶国礼

蒙山茶也曾作为大唐国礼赠送日本。慈觉大师圆仁是将蒙山茶带出国门的"第一使者"。

会昌五年（845），在大唐学习了九年的圆仁和尚（慈觉大师）回国前接受友人送行，职方郎中（唐属兵部诸司之长）杨鲁士送的礼品中，就有"蒙顶茶二斤，团茶一串"（圆仁《入唐求法巡礼行记 卷第四》）。

此外，当时的中央监察机构御史台还设有专门贮藏蜀茶的"茶瓶厅"。茶叶封存在陶瓷中，需要最高行政长官亲自开启。

唐·咸通九年（868）淡黄色玻璃盏托 法门寺地宫遗址出土

唐·咸通九年（868）鎏金刻摩羯鱼纹银盐台 法门寺地宫遗址出土

　　唐·托盏侍女图（局部）　出土于新疆维吾尔自治区吐鲁番市阿斯塔那墓
地187号墓，为屏风画《弈棋仕女图》局部，侍女手持盏托和盖，为对弈的主
人进茶，可见唐代饮茶已风行西域。

蒙顶茶畦干点露

"号为第一"的蒙山茶之所以品质极佳，备受推崇，与其生长环境密不可分。

蒙山以"五顶"产茶最佳，所以上品的蒙山茶又称"蒙顶茶"。"蒙顶"核心产区的概念由此而来。蒙顶茶生长地"草木繁密，云雾蔽亏，鸷兽时出，人迹稀到"，正是唐代评判好茶产地的标准。

时人还以"露芽""雷鸣茶""紫笋"等名称呼"蒙顶茶"。

野者为上

唐人崇尚野生茶，正所谓"野者上，园者次"。

野生茶多生长在高山、深山，且"上者生烂石"；而人工种植的茶园大多在低山或坡地。在当时的社会条件下，茶园的开垦与管理、茶树的种植与培育等技术手段比较原始落后，人工培育茶树反而被视作是对自然生长茶树的破坏，这与当时的社会生产技术条件以及人们的观念相符。

茶农在采摘茶叶时，经常背负茶筐，攀登采摘，"远远上层崖"（唐·皇甫冉《送陆鸿渐栖霞寺采茶》），卢仝也为此感慨："安得知百万亿苍生命，堕在巅崖受辛苦。"（《走笔谢孟谏议寄新茶》）

其地，上者生烂石，中者生砾壤，下者生黄土。凡艺而不实，植而罕茂，法如种瓜，三岁可采。野者上，园者次；阳崖阴林，紫者上，绿者次；笋者上，牙者次；叶卷上，叶舒次。阴山坡谷者，不堪采掇，性凝滞，结瘕疾。（唐·陆羽《茶经 一之源》）

为什么高山云雾出好茶

1.高山地区昼夜温差较大，白天气温高，日照充足，茶树的光合作用强，合成物质多，夜晚气温低，茶树的呼吸作用减缓，呼吸消耗少，有利于茶叶内含物质的积累，使茶汤滋味饱满。

2.高山云雾多、湿度高，可抑制纤维素合成，茶芽持嫩性好，且有利于漫射效应，以蓝紫光为主的短波光增多，有利于茶树含氮化合物（尤其是茶氨酸）的积累和芳香物质的形成。

3.高山气温较低（海拔每升高100米，年平均气温下降0.6℃），有利于茶树体内氨基酸和香气物质的形成，而茶多酚合成受限，使得茶汤香气高长，滋味鲜爽不苦涩。

4.高山地区密林丛生，其土壤有机质丰富，土层通气性好，病虫害少，非常适合茶树的生长。

蜀山蒙顶，骑山蓦岭。（唐·王敷《茶酒论》）

凌露采焉

唐人对采茶时间十分讲究，"其日有雨不采，晴有云不采"，天气晴朗方可采茶。下雨天空气中的灰尘会随雨水落到茶叶上，且雨水叶在"蒸青"（通过水蒸气产生的高温使茶叶内含物质发生转化）过程中，不利于茶叶香气的散发，所以下雨天不采茶。晴天有云也不采茶，在今天看来，似有些苛求，但在古人眼中，好茶可遇不可求，如果头天下雨，雨天的阴寒之气会持续到第二天，加上当时加工条件本身的限制，同样不利于茶叶品质。

唐人认为最佳的采茶时间是"凌露采焉"，即在晴天有露水的清晨采摘。"可能因为唐代饼茶采用蒸汽杀青，对茶叶附着些水分要求并不很严格"（吴觉农《茶经述评》）。不过今天看来，这种带露水的茶叶，对加工也有影响。

> 夜无多雨晓生尘，草色岚光日日新。
> 蒙顶茶畦千点露，浣花笺纸一溪春。
> 扬雄宅在唯乔木，杜甫台荒绝旧邻。
> 却共海棠花有约，数年留滞不归人。
>
> 唐·郑谷《蜀中三首》其二

郑谷（约851—910）生活在唐朝末年，一生坎坷，屡试不第，后来因躲避黄巢之乱而多次入蜀，在蜀地前后生活了六年。

蒙山连绵起伏的茶畦，沐浴在朝露之中，浣花溪畔，薛涛笺上，尤带一溪春色，仿佛一切都不曾发生，海棠花，蒙顶茶，想必都曾给诗人离乱的生活带来过不少慰藉吧。

凡采茶，在二月、三月、四月之间。茶之笋者，生烂石沃土，长四五寸，若薇蕨始抽，凌露采焉。茶之牙者，发于丛薄之上，有三枝、四枝、五枝者，选其中枝颖拔者采焉。其日，有雨不采，晴有云不采；晴，采之、蒸之、捣之、拍之、焙之、穿之、封之、茶之乾矣。（唐·陆羽《茶经 三之造》）

对于今天绿茶加工而言，雨水叶杀青容易形成大量水蒸气，造成鲜叶"粘锅"，叶色变黄，成品茶带水闷味，香气减弱。

雷鸣露芽

五代时期，有传说云：一老僧因服用雷鸣时所采摘的蒙顶"雷鸣茶"，疾病痊愈，脱胎换骨，返老还童，眉发皆绿，遂入青城访道，不知所终。

此外，云雾之间"凌露采摘"的蒙顶茶，也有"露芽"的称谓。

> 蜀之雅州有蒙山，山有五顶，顶有茶园，其中顶曰上清峰。昔有僧病冷且久。尝遇一老父，谓曰：蒙之中顶茶，尝以春分之先后，多构人力，俟雷之发声，并手采摘，三日而止。若获一两，以本处水煎服，即能祛宿疾；二两，当眼前无疾；三两，固以换骨；四两，即为地仙矣。是僧因之中顶筑室以俟，及期获一两馀。服未竟而病瘥。时到城市，人见其容貌，常若年三十馀，眉发绀绿色，其后入青城访道，不知所终。今四顶茶园，采摘不废。惟中顶草木繁密，云雾蔽亏，鸷兽时出，人迹稀到矣。今蒙顶有露铤牙、篯牙，皆云火前，言造于禁火之前也。
>
> ……
>
> 蒙山有压膏露芽、不压膏露芽、并冬芽，言隆冬甲坼也。
>
> 五代·毛文锡《茶谱》

蒙山也出产紫笋茶："蒙顶有研膏茶，作片进之，亦作紫笋。"（五代·毛文锡《茶谱》）宋代陆游还曾以蒙山紫笋茶明志，说"谁赏蒙山紫笋香"。

与笋茶类似，蒙山还出产一种形似五瓣花蕊的茶，叫作五花茶："其片作五出花也"（五代·毛文锡《茶谱》），后来宋人也专门提到这种五花茶："蒙顶又有五花茶，其片作五出。"（宋·朱胜非《绀珠集 卷十》）

唐·黑褐釉铛

蒙山紫笋

"紫者上，绿者次"是针对茶鲜叶的颜色而言的。紫芽茶鲜叶中所含花青素较多，呈现为紫色，所制之茶滋味浓烈。由于当时饼茶制作需要将鲜叶捣碎压制，本身会流失一部分茶汁，故紫芽茶滋味浓厚，煎煮后更显"茶味"，所以陆羽说"紫者上"。

"笋者上，芽者次"以及"叶卷上，叶舒次"，是针对茶叶的形状而言的。笋者主要是指芽头肥壮、重实的笋状茶，芽者主要是指纤细瘦短的芽叶。紫和笋都是上品观念，相较于绿和芽更优，故唐诗中常有"紫笋"和"绿芽"的组合。

"但笋和芽的界限，有时也不易区分，特别是唐代以后，因制茶方法的改进，对笋和芽的含义已转移到嫩度上来了。"（吴觉农《茶经述评》）

绿芽十片火前春

中唐以来，饮茶活动迅速发展，成为"比屋之饮"，陆羽《茶经》对茶叶采、造、煮、饮都总结出了一系列的方法，于是茶道大行，文人墨客相与品评，茶叶品质备受关注。

蒙山茶采造得时，工艺考究，时人以"蒙饼"呼之，多地效仿。

禁火之前

唐代饼茶采制十分注重时节，有"火前""火后""骑火"之分。清明前一二日是寒食节，有禁火习俗。"火前茶"，就是如今我们俗称的"明前茶"；"火后茶"，即清明节之后采制的茶；"骑火茶"则是清明时节采制的茶。

唐时茶叶以"蒸青饼茶"为主，其品级观念与我们今天类似，尤其注重茶叶的嫩度，以"火前茶"为上品，蒙顶茶也因在"禁火之前"采摘制作而品质极佳：

今蒙顶有露铤牙、篯牙，皆云火前，言造于禁火之前也。（五代·毛文锡《茶谱》）

唐代蒙山名茶

蒙顶石花——唐·李肇《唐国史补》/五代·毛文锡《茶谱》

鹰嘴牙白茶——唐·杨晔《膳夫经手录》

雷鸣茶（按：雷鸣乃茁）——唐·段成式《锦里新闻》

压膏露芽、不压膏露芽；冬芽；露锭牙（按：芽细嫩，如锥尖）、籛牙（按：芽细嫩，如箭叶小竹）；研膏茶（作片进之），亦作紫笋；五花茶——五代·毛文锡《茶谱》

圣杨花、吉祥蕊——宋·陶谷《荈茗录》

谷芽（按：大约谓唐人尚茶，茶品益众，有雅州之蒙顶石花，露芽谷芽为第一）——《宋史 食货志》

其名称大多与茶叶嫩度有关，也都属于"火前茶"。

绿芽十片

元和十年（815），43岁的白居易在宰相武元衡遇刺案中，因上书直言，得罪权臣，最终被以"越职言事"的名义贬为江州司马。

江州司马是个闲职，在江州的三年多时间里，白居易只得饮酒浔阳江畔，纵情庐山风月，心绪难平，百无聊赖。

元和十二年（817）晚春，时任忠州刺史的李六郎中（一说为李宣，《旧唐书 宪宗纪》：元和十一年九月，屯田郎中李宣为忠州刺史；一说为忠州刺史李景俭，行六，时人谓之李六），特地从蜀地寄来了新茶，这给当时正卧病在床的白居易带来了莫大的慰藉。

> 故情周匝向交亲，新茗分张及病身。
> 红纸一封书后信，绿芽十片火前春。
> 汤添勺水煎鱼眼，末下刀圭搅曲尘。
> 不寄他人先寄我，应缘我是别茶人。
>
> 唐·白居易 《谢李六郎中寄新蜀茶》

"火前春"，即明前茶；一片即一饼，唐朝的茶叶制作为饼状。

关于饼茶加工，陆羽将其归纳为七个步骤，即采、蒸、捣、拍、焙、穿、封。

茶叶通过水蒸气杀青后，趁热将茶芽叶捣碎，捣碎后的茶芽，随即被放入模具中拍压成茶饼［指已经压出膏（即茶汁）的茶表面光润，而含膏的茶外形皱缩］，待其半干时，再串起来进行烘焙。一饼，称为一片。

李六郎中很是大方，出手就是十饼蜀中极为珍贵的明前绿芽茶。难怪白居易立即打起精神，煮水烹茶，提笔回诗，还得意洋洋道：好茶不寄别人唯独先寄给我，大概正因我是懂茶爱茶的行家吧！

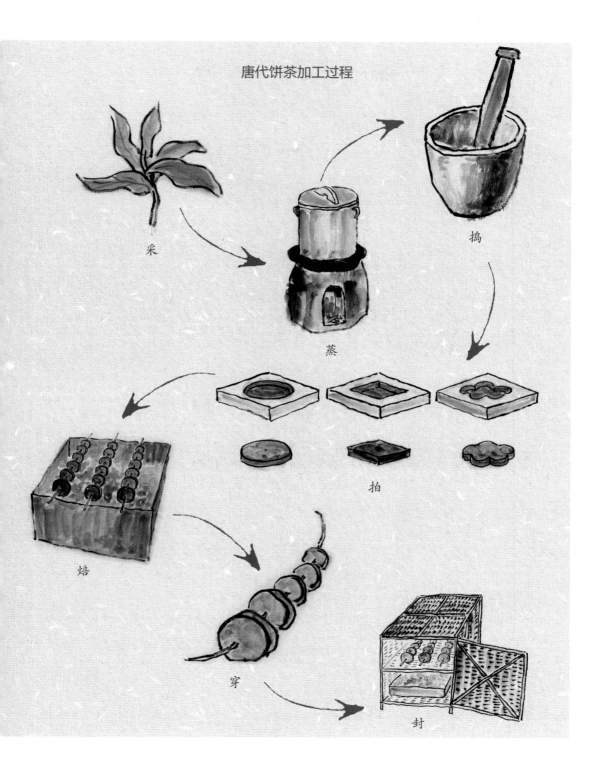

唐代饼茶加工过程

采　蒸　捣　拍　焙　穿　封

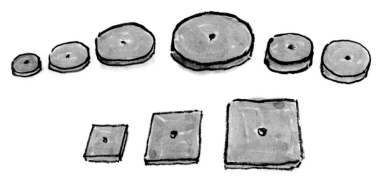

唐代饼茶有方、圆的造型

蒙顶制饼

中唐后期，蒙顶制饼茶的工艺在当时是非常先进的。史料中提及茶叶加工时屡屡出现"如蒙顶制饼茶法"，人们还用了"蒙饼"专呼蒙山制作的饼茶。

眉州洪雅、昌阖、丹棱，其茶如蒙顶制饼茶法。（五代·毛文锡《茶谱》）

还有一则有关"蒙饼"的轶事，说的是丞相李德裕曾将蒙饼茶汤浇入盛有肉食的汤瓶，用盖子密封，次日打开瓶盖后，发现肉已经化成了水，可见蒙饼"消酒食毒"之奇：

白乐天《琴茶行》云：李丞相德裕入蜀，得蒙饼，以沃（浇）于汤瓶之上，移时尽化，以验其真。（宋·祝穆《方舆胜览》）

唐文宗大和四年（830），李德裕任剑南西川节度使，抵御吐蕃侵犯。李德裕在蜀任职期间正是蒙顶茶"一茶难求"的鼎盛时期，李德裕是饮茶行家，于是用"沃于汤瓶之上"的方法，验证得到的茶是否是真正的蒙顶茶。

其始，若茶之至嫩者，蒸罢热捣，叶烂而牙笋存焉。（唐·陆羽《茶经 五之煮》）

如果杀青之后没有迅速降温干燥，就如同在无意之中添加了在现代被称之为"闷黄"的工序，使茶、茶汤发黄。（关剑平《茶与中国文化》）

"蒙顶石花"茶类考

按今天六大茶类的分类，唐代的"蒙顶石花"饼茶究竟属于什么茶类呢？结合唐代茶叶加工技术和存放方法，可知唐代的"蒙顶石花"更接近今天的黄茶，二者都有"湿热闷黄"的特点。

从加工上来看，首先，唐代饼茶蒸青后要趁热捣烂，此时茶叶含水量较高，又不及降温，这样就无意间促进了"湿热"作用，茶叶内含物质受温度与水分的"闷"在一定程度上发生转化。

随后，将茶叶拍压成型，待茶饼半干时，将其串起来进行烘焙。"宿制者则黑，日成者则黄"（唐·陆羽《茶经 三之造》），指当天制成的饼茶色黄，这与茶叶通过湿热作用发生非酶促氧化，破坏叶绿素，导致色泽变黄或进一步变黑的理论相符。

从存放上来看，受当时加工技术的限制，制成的饼茶仍保有较多的水分，容易变质，因此焙茶后要"贮煻煨（按：指热灰）火，令熅熅（按：指火势微弱的样子）然"（唐·陆羽《茶经 二之具》），以低温常烘的方式存放，这也在一定程度上促进了"湿热闷黄"作用。

今蒙顶黄芽"湿热闷黄"工艺

惟蜀茶，南走百越，北临五湖，皆自固其芳香，滋味不变。（唐·杨晔《膳夫经手录》）

名茶石花、黄芽都属黄茶类，在唐朝就已驰名全国，石花年年入贡，列为珍奇宝物，收藏数载其色如故。在古代无检测设备，又无抽氧充氮装置条件下，能保持"其色如故"的茶只能是黄茶或黑茶。（陈椽《茶业通史》）

唐·长沙窑青釉印花茶碾

从饮用上来看，唐人煮茶前有"持以逼火，屡其翻正"（唐·陆羽《茶经 五之煮》）的"烤茶"动作。"在唐代的干燥技术与贮藏、包装条件下，饼茶的含水量都是很高的"，因此，"在饮用之前，如果没有一道烤茶的动作，就很难将饼茶碾碎成末，也很难保持茶的香味"（吴觉农《茶经述评》）。

由此可见，无论是茶叶蒸青后趁热捣碎，还是反复焙火，温火存放等，在当时相对落后的技术条件下，茶叶含水量很难控制，制茶过程实际上伴有一定程度的湿热作用。这就有意无意地促进了茶叶色泽与内含物质的变化，即茶多酚发生非酶促氧化，叶绿素遭到破坏，导致茶色变黄或进一步变黑，同时茶汤滋味也得到了一定程度的改善。

由此我们推断，唐代的"蒙顶石花"饼茶极有可能属于现代黄茶的范畴，只是古人尚无"黄茶"概念，此时属于"无意识闷黄"阶段。且蒙顶石花千里进贡，要保持其滋味相对稳定，只可是发酵茶。

"蒙顶石花"是唐代蒙山最早有确切记载的也是最具代表性的贡茶，可视为如今"蒙顶黄芽"的前身。

如何鉴别"明前茶"

什么是"明前茶"?

春风三月,新芽初展,正是啜茶好时节。

我们说,喝茶要喝"明前茶",而"明前茶"这个概念,并不是今天才有的。

早在1 000多年前,白居易就在诗中写道:绿芽十片火前春。

清明寒食,禁火之前采造之茶,称"火前茶",诗中的"火前春",就是如今的"明前茶"。在古代,贡茶贵早贵新,"明前茶""雨前茶"(谷雨之前采制的茶)备受推崇,到了宋代,作为"入贡宜先百物新"的贡茶,甚至有了"社前茶"(春社之前采制的茶)的概念。

"明前茶"究竟好在哪里呢？

古人没有现代的茶叶科学知识，主要是凭借感官来判定茶叶品质的高下，即明前茶茶芽肥壮，滋味饱满。

茶芽肥壮，意味着茶叶嫩度好，品质高，尤其对今天讲究"形美"的中国茶，如蒙顶黄芽、蒙顶甘露等，更是如此。

但嫩度好的茶采摘时间不一定是以清明为节点，因为有的高海拔地区，茶叶发芽晚，要等到过了清明气温回升，茶芽萌发，始可采摘，所以"清明"只是一个大致的时间概念，具体还是要看到茶鲜叶开展的实际情况。蒙顶黄芽的原料，基本都来自第一批开园采的最为肥壮的嫩芽。

"明前茶"为什么好喝呢？

这当然与清明前的气候环境有关。

就茶树本身而言，清明前，气温低，光照弱，有利于茶树氨基酸积累，茶叶鲜爽度更好；同时多酚类物质合成受限，茶叶苦涩味较弱。

就茶叶嫩度而言，茶芽中的氨基酸含量比叶片中含量高，随着气温升高，茶叶逐渐开展，鲜叶氨基酸含量逐渐降低，多酚类物质含量升高，所以茶芽鲜爽度更好。

怎么鉴别"明前茶"呢？

有两个简单的方法：

第一，看叶底。所谓叶底，指干茶经开水冲泡后所展开的叶片。叶底的形态，与鲜叶的形态是一致的，茶叶自己会说话，它被采摘的时候是什么状态，在杯里也是什么状态。

清明前，气温低，茶芽生长较慢，早期采摘的茶芽，颗粒饱满，茶芽一层包裹一层，叫作"实心芽"。过了清明，或者说后期采摘的茶芽，由于生长较快，呈"空心"状。

从"实心芽"到"空心芽"的过程，都可以通过叶底清晰地展现在我们眼前。

第二，看茶叶的下沉速度。"实心芽"颗粒饱满，下沉速度较快。

这里给大家推荐一个简单的冲泡方法：上投法，即玻璃杯中先注水（六分满），再投茶，可以起到"凉水"的作用（防止将鲜嫩的茶芽"烫熟"，影响口感）。同时，比较重实的茶芽（实心芽）下沉速度较快。这种方法更适用于卷曲型的茶叶。

满瓯似乳堪持玩

小时候，对茶的印象，是在爷爷玻璃杯里的浓茶，放上半杯"素毛峰"，提起开水瓶直冲而下，闷上半晌，叫"不苦不涩不是茶"。

茶真的就是又苦又涩的吗？

水温，从来都是茶叶冲泡的关键。我们今天说绿茶（尤其嫩度好的茶）要用85℃左右的水温冲泡，正是为了让茶汤鲜爽不苦涩，滋味调和。但回到唐代，在没有温度计的时候，当时的人们又是怎么判断水温的呢？

蒙山茶在中唐声名鹊起，作为蜀茶之冠，品质独特，影响深远。怎样煎好蒙山茶，唐人有着一系列的讲究，煮水的程度，掷茶的时机，碾成茶末的色泽，煎成汤花的形态等，都影响着茶汤的品质。唐诗中常见的"鱼眼""蟹眼""曲尘""乳花"，都是在讲什么呢？

唐·周昉《簪花仕女图》（局部）

五代·白瓷汤瓶、风炉及茶鍑、茶臼

《茶经 五之煮》注有"末之上者，其屑如细米；末之下者，其屑如菱角"。《茶经 六之饮》再次重申"碧粉缥（青白色或淡青色）尘，非末也。"

碾成黄金粉，轻嫩如松花。（唐·李群玉《龙山人惠石廪方及团茶》）

坐酌泠泠水，看煎瑟瑟尘。（唐·白居易《山泉煎茶有怀》）

铫煎黄蕊色，碗转曲尘花。（唐·元稹《一字至七字诗·茶》）

茶末示意

曲尘

饼茶在煎茶前要先碾碎。碾磨后茶末的形状应为极小的颗粒状，不能碾成片状、粉状或块状。

上品茶末不仅细碎，颜色也以淡黄为佳，唐诗中多用曲尘，玉尘，黄金粉等表明，其中"曲尘"，也作"麹尘"。"麹"为酒母，"麹尘"意指酒母上所生的菌，淡黄如尘。后"麹尘"又被引申为淡黄色的茶汤。

白居易收到好朋友李六郎中从蜀地寄来的十片"火前茶"，随即碾茶成粉，煮水煎茶，"末下刀圭搅曲尘"（唐·白居易《谢李六郎中寄新蜀茶》），碾好的茶末淡黄如曲尘般，投入茶釜中，再用汤匙有节奏地搅动均匀。

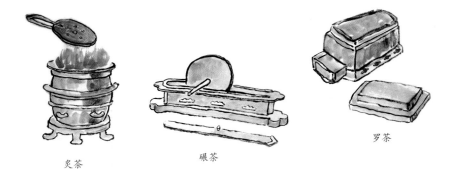

炙茶　　　　碾茶　　　　罗茶

其水，用山水上，江水中，井水下……其沸，如鱼目，微有声，为一沸；缘边如涌泉连珠，为二沸；腾波鼓浪，为三沸；已上，水老，不可食也。（唐·陆羽《茶经 五之煮》）

兔毛瓯浅香云白，虾眼汤翻细浪俱。（唐·吕岩《大云寺茶诗》）

时看蟹目溅，乍见鱼鳞起。（唐·皮日休《茶中杂咏 煮茶》）

鱼眼

　　至于茶末什么时候下锅，就更是个技术活了。煎茶首要便是煎水，关键在于掌握火候，当时人们多用敞口的水铫、茶铛煮水，可通过观察水中气泡的大小，来大致判断水温。水泡从"虾眼"到"蟹眼"再到"鱼眼"，水逐渐开始沸腾，唐人多以"鱼眼汤"作为投掷茶末的最佳时机。正所谓"汤添勺水煎鱼眼"（《谢李六郎中寄新蜀茶》），鱼眼过后，水很快便已熟老，吃不得了。

　　据测定，当水刚冒"蟹眼"时，水温在85~92℃；当水冒出"鱼眼"一般大或更大的气泡时，水温在95℃左右。

　　就酸碱度而言，泡茶用水一般以弱酸性（pH5.0~6.5）为宜。古代饮茶用水主要选择天然山泉水（pH5.13~6.94），若煮沸时间过长，会造成绝大多数水pH值升高。用pH值较高的水泡茶，可能会造成茶汤中多酚类物质氧化，汤色加深，同时茶汤中有机酸、维生素C、氨基酸含量等也会降低，影响茶汤滋味。即当水刚冒"蟹眼"至"鱼眼"时，水中还保留部分游离碳酸，若煮过了头，水中的空气持续释放，此即陆羽所说的"水气全消"，不可取。

沫饽，汤之华也。华之薄者曰沫，厚者曰饽，轻细者曰花，花，如枣
花漂漂然于环池之上；又如回潭曲渚青萍之始生；又如晴天爽朗，有
浮云鳞然。其沫者，若绿钱浮于水湄；又如菊英堕于樽俎之中。饽
者，以滓煮之，及沸，则重华累沫，皤皤然若积雪耳。《荈赋》所谓
"焕如积雪，烨若春敷"有之。（唐·陆羽《茶经 五之煮》）

乳花

　　随着水的沸腾，茶汤表面会形成厚度、形状各不相同的泡沫。唐人
将这些"沫饽"称为"华"：沫饽，汤之华也。视为茶之精华，推崇备
至。

　　"华"又分"沫""饽""花"三种：华之薄者曰沫，厚者曰饽，
细轻者曰花。

　　"花"属于最轻薄的泡沫，彼此之间有较大的空隙，星星点点，近
乎透明，是好茶的特征。

　　"沫"像水面绿苔、酒樽中菊瓣，彼此之间紧密相连，泡沫较大。

　　"饽"则如白雪，是茶滓沸腾时，含有游离物的厚泡沫，含有杂
质，并不纯粹。

　　唐代文人喝的自然都是上等的好茶，所以提到"华"时，更多用
"乳"和"花"来形容。

　　　唐人笔下的"乳花"这类白色"沫饽"，便是茶皂苷（也称
茶皂素，属于糖苷化合物），其水溶液经过振荡后，会产生大量
具有持久性、类似肥皂泡的泡沫，因此得名。如今我们泡茶茶汤
表面也会形成一些细密气泡，即为茶皂素。从功能上讲，这些泡
沫并不需要"刮"去，茶皂素对人体不仅无害，还有抗菌、抑制
酒精吸收、保护肠胃等作用。

《萧翼赚兰亭图》（宋摹本）煎茶部分

　　萧翼是南朝梁元帝的曾孙，唐太宗时期任监察御史，他为唐太宗从王羲之第七代传人僧智永的弟子辩才的手中将天下第一行书《兰亭序》骗取到手，并献给太宗皇帝。画中辩才与萧翼相谈甚欢，两仆从正在为之煎茶。

元和六年（811）晚春，白居易的母亲去世。遵照当时"丁忧"制度的规定，白居易从长安回到下邽故里的渭北原上为母亲守孝三年。此前不久，白居易至交好友元稹被贬江陵。经历了接二连三的打击，白居易一度心情低落，借酒浇愁。

恰在此时，蜀地的萧员外，给白居易寄来了名贵的蜀茶，白居易倍感宽慰，迫不及待地汲来渭水煎茶。

蜀茶寄到但惊新，渭水煎来始觉珍。

满瓯似乳堪持玩，况是春深酒渴人。

唐·白居易《萧员外寄新蜀茶》

鼎中的茶末随水翻腾，茶瓯中乳花浮动，叫人好一阵玩赏。白居易不仅过足了茶瘾，连酒渴也顺带给消解了。后来，孟郊在诗中也曾用"蒙茗玉花"来形容蒙山茶煎后的沫饽，足见其品质。

白居易尤爱蒙山茶，他另一首诗里还说，"蛮榼（按：南方制的酒器）来方泻，蒙茶到始煎"（《新昌新居书事四十韵因寄元郎中张博士》），要等蒙山茶送到了，我才开始煮水煎茶。

候汤

煮茶

分茶

唐代渭水十分清亮，足可与名泉媲美而用以煎茶，有"渭水如镜"，
"渭水绿溶溶"等。"清渭"在唐诗中是个常用词。

越碗初盛蜀茗新

国茶国瓷

品质优异的蒙山茶自中唐以来备受关注，是诗人作品中的常客。蜀地蒙山茶与"国瓷"越窑碗常在诗中并提，成为了一组"固定搭配"。

> 越碗初盛蜀茗新，薄烟轻处搅来匀。
> 山僧问我将何比，欲道琼浆却畏嗔。
>
> 　　　　　　　　　　唐·施肩吾《蜀茗词》

越窑主要产地在今浙江省上虞、余姚、慈溪、宁波一带，出产的青瓷工艺精湛，居全国之冠，是唐代的"国瓷"。

陆羽非常推崇越窑青瓷，认为越瓷青而茶色绿，青则益茶。《茶经》中将越瓷比作温润的玉石与剔透的冰晶，有"越瓷类玉""越瓷类冰"的说法。

越瓷中以秘色瓷为极品，秘色瓷因其颜色罕见，釉药配方、制作工艺皆不外传而得名。直到1987年法门寺地宫的发现，才使得现代人有缘一睹大唐皇家秘色茶器的风采。

经陆羽的宣扬，用越瓷品茶，尤其是品后来居上的蒙山茶，也就成了唐人的风尚。唐诗中，"越瓷"常与"蜀茗"并提，成为了一组"固定搭配"。

唐·周昉《调琴啜茗图》（局部）

宋·刘松年《卢仝烹茶图》（局部）

为现存年代最早的以卢仝为主题的画作

蜀茗蒙茗

与施肩吾同时代的孟郊，也曾感慨自己手头蒙山茶的汤华沫饽将散，越窑碗空空如也：蒙茗玉花尽，越瓯荷叶空。意在请周况（韩愈侄婿）代自己讨一碗蒙山茶。

道意勿乏味，心绪病无悰。
蒙茗玉花尽，越瓯荷叶空。
锦水有鲜色，蜀山饶芳丛。
云根才翦绿，印缝已霏红。
曾向贵人得，最将诗叟同。
幸为乞寄来，救此病劣躬。

唐·越窑青釉葵口碗

唐·孟郊 《凭周况先辈于朝贤乞茶》

这两首诗中，对蒙山茶的称呼与以往诗中不同，不称蜀茶，蒙茶，而称蜀茗、蒙茗，可见江南文化的影子。"越碗初盛蜀茗新"一诗的作者施肩吾，是中唐时期杭州城的第一位状元郎，而孟郊出生于浙江湖州的德清县。

大唐的贡茶院设在江南湖州，而身为吴人的孟郊与施肩吾却又都对蜀茗玩赏有加。"蒙茗"一词，足见蒙山茶在江南一带的影响力。

茶香在宫廷中弥漫，文明在时空中延续，"蒙顶石花"就这样从四川千里入京，成为了皇室宫廷、文人墨客们最为珍视的茶品。

唐·刑窑白釉壶

茶中故旧是蒙山

兀兀寄形群动内，陶陶任性一生间。

自抛官后春多醉，不读书来老更闲。

琴里知闻唯渌水，茶中故旧是蒙山。

穷通行止长相伴，谁道吾今无往还。

唐·白居易《琴茶》

束帛不能易

自唐宪宗元和年间（806—820）起，蒙山茶不仅入贡达到了鼎盛，深受皇亲贵族的喜爱，在民间更是广为流行。

晚唐一位安徽巢县县令杨晔回忆道：最初，蜀茶出名也正是因为蒙顶茶。元和年以前，一束锦帛（即五匹捆起来的帛）还交换不到一斤早春的蒙顶茶；束帛不能易一斤先春蒙顶。所以蒙顶山附近的人都争先恐后地种茶，不过数十年，当地农村茶市上，每年就出现了多达千万斤的茶叶。其中甚至还有冒充蒙顶茶的。就是给当地官府上供的茶，也不一定是最好的，可见真正的蒙顶好茶极其难得。

茶，古不闻食之，近晋宋以降，吴人采其叶，煮是为茗粥。至开元、天宝之间，稍稍有茶，至德、大历遂多，建中已后盛矣。茗丝盐铁，管榷存焉。今江夏以东，淮海之南，皆有之。今略举其尤处，别为二品总焉。

新安茶，今蜀茶也。与蒙顶不远，但多而不精，地亦不下，故折而言之，犹必以首冠。诸茶春时所在吃之，皆好。及将至他处，水土不同，或滋味殊于出处。惟蜀茶，南走百越，北临五湖，皆自固其芳香，滋味不变。由此尤也重之，自谷雨已后，岁取数百斤，散落东下，其为功德也如此。

饶州浮梁茶，今关西、山东、闾阎村落，皆吃之。累日不食，犹得不得一日无茶也。其于济人百倍于蜀茶，然味不长于蜀茶。

……

蒙顶（自此以降言少而精者）始蜀茶得名蒙顶，于元和以前（806—820），束帛不能易一斤先春蒙顶，是以蒙顶前后之人竞栽茶，以规厚利。不数十年间，遂新安草市，岁出千万斤。虽非蒙顶，亦希颜之徒。今真蒙顶，有鹰嘴牙白茶，供堂亦未尝得。其上者，其难得也。

如此又尝见书，品论展陆笔工，以为无等可居第一蒙顶之列。茶间展陆之论，又不足论也。

湖顾渚，湖南紫笋茶，自蒙顶之外，无出其右者。

唐·杨晔《膳夫经手录》

元·赵原《陆羽烹茶图》（局部）

　　《膳夫经手录》（成书于856年）是一本记叙唐代烹饪饮食的专著，写于《茶经》成书约100年后，其中有关茶叶的记载，可以说是概括全唐的面貌，内容丰富。杨晔对各地茶叶名品的评价，总体上较为客观，他尤其对蒙山茶情有独钟，评价甚高，超过了当时的官贡顾渚茶。还对陆羽评茶的观点进行了大胆质疑，评论《茶经》在记叙蒙山茶方面有所欠缺。

　　陆羽（733—804）出生于唐开元二十一年（733），写《茶经》时蒙山茶仅以"雅州卢山郡"之名上贡（742—758），尚未成名。"蒙顶茶号为第一"时（806—820），陆羽已经逝世。现有史料中，也没有发现陆羽到过四川的记载，陆羽出生于湖北天门，著述于浙江湖州，对山南、江南的茶样更加熟悉，而对剑南道的川茶记载较浅略，不得不说有些遗憾。

穷通长相伴

晚年的白居易，退居洛阳香山，对面就是正在开凿的龙门石窟，回首一生起落跌宕，幸得与茶长相伴随。白居易一生品茶无数，又恰好经历了蒙山茶最为鼎盛的阶段，而这茶中最为牵念的故旧，还要数蒙山茶。

当年杭州城里的爱茶人，江州月下的别茶人，如今依然陶陶任性一生间，尤叹：茶中故旧是蒙山！

白居易像
（清殿藏本）

> 无由持一碗，寄与爱茶人。
>
> （唐·白居易《山泉煎茶有怀》）

回首大唐，蒙山茶自公元742年首次以"雅州卢山郡"土贡之名入京，到813年前后，作为地方土贡之首的蒙顶石花已"号为第一"。蒙山茶因此产量大增，"岁出千万斤"，盛极一时，其滋味悠长，汤花隽永，一度成为唐朝的国礼。白居易、刘禹锡、孟郊等都留下了许多吟咏蒙山茶的佳作，人们甚至为陆羽未能记叙蒙山茶而遗憾。甚至数百年之后的人们，提起唐代名茶，满心向往的还是蒙山茶……

唐以前茶惟贵蜀中所产……唐茶品虽多，亦以蜀茶为重。（北宋·蔡居厚《蔡宽夫诗话》）

昔贤所称，大约谓唐人尚茶，茶品益众，有雅州之蒙顶石花，露芽谷芽为第一。（《宋史 食货志》）

蜀蒙山顶茶，多不能数斤，极重于唐，以为仙品。（明·顾起元《说略》）

古人论茶，必首蒙顶。（明·许次纾《茶疏 辨讹》）

蒙顶黄芽

蒙顶黄芽，源于唐代贡茶蒙顶石花，大唐天宝元年，蒙顶石花入贡，《唐国史补》载："剑南有蒙顶石花，或小方，或散牙，号为第一。"清代以来，蒙顶黄芽专供皇室祭祖，号曰"仙茶"。

茶叶分类：微发酵黄茶

加工工艺：传统"三炒三闷"工艺，主要工序为：杀青—闷黄—做形—干燥

原料等级：开园采独芽

品质特征：以川茶群体种所制黄芽茶，内含物质丰富，汤色黄亮，滋味鲜醇回甘，甜香、嫩香持久高长

外形：扁平紧直

汤色：淡黄明亮

滋味：鲜醇回甘

香气：甜香带花香，持久高长

叶底：黄亮，匀整鲜活

贮存条件：密封、冷藏、清洁、干燥、避光、防异味

冲泡建议：

茶水比3克：150毫升；水温85～90℃；冲泡时间15～30秒，建议纯净水冲泡，可根据口感适当增减冲泡时间或投茶量。

沸水温杯后，可将茶投入杯中轻轻摇动，感受早春黄芽独特的香气。

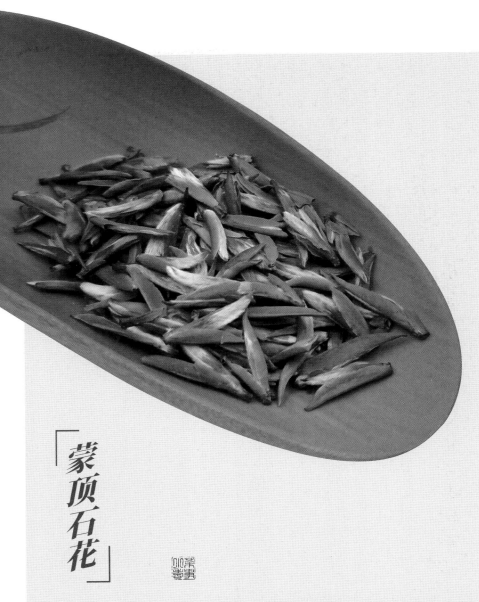

「蒙顶石花」

茶名保留自唐代贡茶蒙顶石花，大唐天宝元年，蒙顶石花入贡，《唐国史补》载，"剑南有蒙顶石花，或小方，或散牙，号为第一"。今改作扁形绿茶。

茶叶分类：不发酵绿茶

加工工艺：杀青—做形—干燥

原料等级：开园采独芽、一芽一叶初展

品质特征：以川茶群体种所制石花茶，内含物质丰富，滋味鲜醇，香气清鲜高长

外形：扁平挺直

汤色：黄绿明亮

滋味：鲜醇甘爽

香气：栗香带花香，持久高长

叶底：黄绿明亮，匀整鲜活

贮存条件：密封、冷藏、清洁、干燥、避光、防异味

冲泡建议：

茶水比3克∶150毫升；水温85～90℃；冲泡时间15～30秒，建议纯净水冲泡，可根据口感适当增减冲泡时间或投茶量。

沸水温杯后，可将茶投入杯中轻轻摇动，感受早春绿茶独特的香气。

宋代

点茶之冠

积雪犹封蒙顶树

　　自晚唐起，西蜀地区不复往日平静，战事频发。先有吐蕃联合南诏入侵，后南诏又单独发起攻势，雅州屡遭攻陷，蒙山茶生产受到了极大的影响。正如唐朝诗人韦处厚感叹道，盛极一时的顾渚与蒙山，如今也已绝了音信。

　　顾渚吴商绝，蒙山蜀信稀。
　　千丛因此始，含露紫英肥。

唐·韦处厚《茶岭》

　　百业萧条，民不聊生，蒙山茶也随着战火而隐去，直到北宋中期，才有了新的发展。

唐懿宗咸通十年（869）：蛮进陷黎（今四川汉源北）、雅（今四川雅安），民窜匿山谷，败军所在焚掠。十一年（870）蛮至眉州……南诏进军新津，定边之北境也……是日，蛮军抵成都城下。

唐僖宗乾符元年（874）：南诏寇西川，作浮梁，济大渡河……南诏乘胜陷黎州，入邛峡关，攻雅州。大渡河溃兵奔入邛州，成都惊扰，民争入城，或北奔他州。（宋·司马光《资治通鉴 卷二五二》）

石转运 茶磨

诏议悉停

　　入宋以来，茶事活动尤为繁盛，民间斗茶成风。承袭自南唐建州（今福建建瓯）北苑制造的龙团凤饼茶深受皇家青睐，成为贡茶新宠。北苑，也取代大唐的湖州顾渚山，成为宋代皇家的贡茶院。

　　北苑贡茶兴起后，全国有30余州贡茶因路途遥远，来不及给皇家尝鲜而停止上贡，其中就包括蒙山。

大中祥符元年（1008）六月二十三日，诏诸州军每岁进茶，并宜停废。先是（在此之前），诸路贡新茶者三十余州，越数千里，有岁中再三至者。帝悯其劳扰，罢之。（宋·徐松《宋会要辑稿 却贡》）

蒙山距汴梁（开封）2 000余里，茶树多生于高山，其地积雪盖树之时，建溪茶已开始采摘。贡茶贵早贵新，蜀道艰难，实在无法"入贡宜先百物新"。

积雪犹封蒙顶树，惊雷未发建溪春。

中州地暖萌芽早，入贡宜先百物新。

宋·欧阳修《和原父扬州六题·时会堂二首之一》

此后，宋辽战事频繁，青海甘肃一带屡屡成为战争前线，地缘靠近的四川产区转而承担起以茶易马的重要职能，延续至清代的茶马贸易由此开启。

欧阳修像（清殿藏本）

腊茶，有早春茶之义，也称蜡面茶，"为其乳泛汤面，与镕蜡相似，故名蜡面茶也"（宋·程大昌《演繁露续集 蜡茶》），属于团饼茶。

阳羡茶产于江苏宜兴，"阳羡紫笋"与"顾渚紫笋""吴兴紫笋"齐名，有"天子须尝阳羡茶，百草不敢先开花"之说。

北苑贡茶

北苑地处建州，"建安（按：今福建建瓯）之东三十里，有山曰凤凰，其下直北苑。"（宋·赵汝砺《北苑别录》）

早在唐贞元（785—805）年间，建州刺史常衮就开始制造研膏茶（茶叶蒸熟后，不榨去茶汁，直接捣研后压模），但在陆羽著《茶经》时，尚未成名。

五代闽国时，凤凰山种茶大户张廷晖，将方圆数十里的茶园都进奉给了闽王，成为闽国御茶园。后来南唐俘虏了末代闽王王延政，得到了建安之地，建茶进贡从此而始："命建州制的乳茶，号曰京挺，腊茶之贡自此始，罢贡阳羡茶。"（宋·马令《南唐书》）

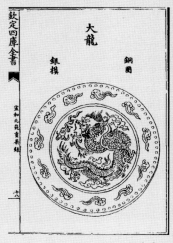

宋·熊蕃《宣和北苑贡茶录》

北宋·赵佶《大观茶论》
清顺治四年（1647）李际期宛委山
堂刊《说郛》本

清·佚名（传姚文翰）《历代帝王真像 宋徽宗》

　　"北苑"之名，始于南唐。因金陵禁苑"北苑使"领造建州贡茶，遂将所造之茶称为"北苑茶"，出茶之处称为"北苑"。

　　宋灭南唐后，北苑以其地理及气候优势，自宋太宗太平兴国二年（977）起正式制作贡茶，成为皇家御茶园。其所产"龙团凤饼"深受皇家青睐。

　　一代文坛领袖欧阳修，在朝为官20多年，也仅得御赐一饼"小龙团茶"，"其品精绝，谓之小团……然金可有，而茶不可得"（《归田录》）；宋徽宗曾御笔亲书《大观茶论》："本朝之兴，岁修建溪之贡，龙团凤饼，名冠天下"；熊蕃在《宣和北苑贡茶录》中记载龙团凤饼的样式多达38种，可见其品类之盛。

至嘉佑七年（1062），亲享明堂，斋夕，始人赐一饼。余亦忝预，至今藏之。余自以谏官供奉仗内，至登二府二十余年，才一获赐。（宋·欧阳修《龙茶录后序》）

韬光晦迹

宋朝时，四川人王庠曾作《雅州蒙顶茶记》，感慨故乡蒙山茶境遇：蒙山茶自停贡到今天，已经300年了，朝中达官贵人们都以雕龙画凤的北苑团茶为重。只可惜倡导"龙团凤饼"的蔡襄未曾到过西蜀，不知蒙顶紫笋也是天下一等一的好茶。蜀地虽偏处西南，距京千里，却底蕴深重，难以彰显传扬的风物，又岂止是蒙山茶呢……

宋代茶叶遗存，陕西蓝田县吕氏家族墓出土，铜钵内壁附有40余枚芽茶，可见宋代除了团饼茶外，也有未经压制的"草茶"。

……自乾元罢贡之后，蒙山不得入禁中，于今三百余年，本朝蔡君谟叹鸿渐不第建安之品，遂以建茶作龙凤团以进。欧公永叔称建团，宫嫔多镂金花于其上，虽宸恩殊锡亦所希得，日建茶擅贵，而蜀茶益不振。君谟闽人，未尝游剑外，故亦不知蒙顶紫笋本天下第一。磋乎！蜀本西伯道化、文翁德教之国，惟其邈在西南数千里之外，故风物不能自达而显于时，韬光晦迹，岂止蒙山茶而已哉！是可叹也。（宋·王庠《雅州蒙顶茶记》）

蒙顶茶如正焙香

中泠水，蒙顶茶

"扬子江心水，蒙山顶上茶"（明·陈绛《辨物小志》），自明代起广为流传。而首次将蒙山茶与扬子江相提并论的，是陆游诗中一联："雪山水作中泠味，蒙顶茶如正焙香"。

宋淳熙三年（1176）的初春，蒙顶新茶初采，陆游迫不及待地用雪水烹煮，自赏其妙，蜀中雪水，轻甘活洌，堪比天下第一泉；蒙山顶茶，滋味高长，不输北苑正焙香。自己虽身在西蜀，距离家乡绍兴千万里之遥，但有这蒙山茶年年长伴，也是"不须辛苦念还乡"了吧。

陆游彩像（清人绘）

> 南浮七泽吊沉湘，西泝三巴掠夜郎。
> 自信前缘与人薄，每求宽地寄吾狂。
> 雪山水作中泠味，蒙顶茶如正焙香。
> 傥有把茅端可老，不须辛苦念还乡。
>
> 宋·陆游《卜居二首 其二》

当时的中泠泉，已是人尽皆知的"扬子江心第一泉"。此泉原在扬子江心，是长江中独一无二的泉眼，水质甘洌醇厚，最宜煎茶。不过在陆羽品评天下泉水时，中泠泉尚排名第七，后来唐代名士刘伯刍品尝了全国各地沦茶的水后，将水分为七等，中泠泉依其水味和煮茶味佳为第一等，也因此被誉为"天下第一泉"。

故刑部侍郎刘公讳伯刍，于又新丈人行也。为学精博，颇有风鉴，称较水之与茶宜者凡七等：扬子江南零水第一。（唐·张又新《煎茶水记》）

而正焙香，则主要以宋代官贡"北苑龙焙"为参照，自北苑茶兴起以来，蒙山茶也曾仿效北苑茶工艺制作，深受文人墨客追捧：蒙山所产之茶，滋味极佳，毫不逊于北苑茶味。

雅州蒙山常阴雨，谓之漏天，产茶极佳，味如建品，纯夫有诗云：漏天常泄雨，蒙顶半藏云。为此也。（宋·晁说之《晁氏客语》）

世易时移，宣和年间制造的北苑贡茶"万春银叶""玉叶长春"，在蒙山依然保有其工艺技法，传承至今。

宋代饼茶加工过程

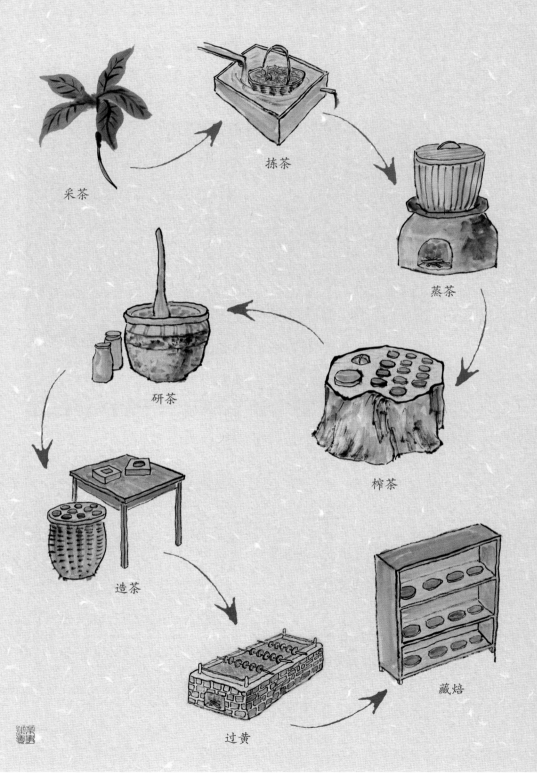

采茶

拣茶

蒸茶

研茶

榨茶

造茶

过黄

藏焙

宋代蒙顶团茶茶类考

与唐朝饼茶类似，按照正焙工艺制作的蒙顶茶也属于黄茶的范畴。

宋代饼茶的制作在唐代基础上更加细致，有蒸茶—榨茶—研茶—造茶—过黄等主要步骤（宋·赵汝砺《北苑别录》），茶面的纹饰也要求更加精美。

与唐代饼茶的制造相比，宋代饼茶主要有三处明显差别，一是蒸茶前，要将茶芽洗净（茶芽再四洗涤）。二是将捣茶改为榨茶，即榨出茶汁水（小榨去水，大榨出膏），以避免茶味苦涩（但在今天看来，这种做法的确是有损茶本身的滋味），榨茶前要"淋洗数过"，榨茶后还要加水研磨，再按不同模具印制图案。三是将焙茶改为"过黄"：初入烈火焙之，次过沸汤爁（烤）之，凡如是者三，即烘焙中需要经沸水浸三次。

可见宋代饼茶在蒸青后需加水研磨，干燥时经历反复入火，过水的湿热环境，稍有不慎，茶色发黑。

关于饼茶存放，宋人蔡襄《茶录》、宋徽宗《大观茶论 藏焙》，都记载需要间断进行焙火，焙火"如人体温"，"以养茶色香味也"，类似于现在蒙顶黄芽制作过程中的趁热堆放，发展茶香，且利于保存。

这些加水研磨、"过黄"、"藏焙"的动作都会促使茶叶中多酚类物质因湿热作用发生非酶促氧化，使得茶色变黄，滋味更加醇和。

成都文物考古研究院根据宋代出土茶具认为宋代的茶叶主要是发酵茶。

北宋·青釉刻牡丹纹罐

其性温暖

蒙山天然的生态环境：蒙山者，沐也，言雨露常蒙，因以为名，山顶受全阳气，其茶香芳（宋·《太平寰宇记》引晋·《九州记》），以及宋代饼茶制作方式使得蒙山茶经过微发酵而内质醇化，口感温润醇和。这与北宋著名史学家范镇、药物学家苏颂对蒙山茶"茶性温和"的记载不谋而合。

范镇是成都华阳人，他的一本有关时事见闻的笔记《东斋记事》，详叙了当时蜀地产茶的情况，其中提到八处蜀茶主要产地，而色白味美的蒙山茶无疑是其中上品，蒙山茶茶性温和，非其他类可比：

> 蜀之产茶凡八处：雅州之蒙顶，蜀州之味江，邛州之火井，嘉州之中峰，彭州之堋口，汉州之杨村，绵州之兽目，利州之罗村。然蒙顶为最佳也。其生最晚，常在春夏之交，其芽长二寸许，其色白，味甘美，而其性温暖，非他茶之比。蒙顶者，《书》所谓'蔡、蒙旅平'者也。李景初与予书言：'方茶之生，云雾覆其上，若有神物护持之。'其次罗村茶，色绿而味亦甘美。"（宋·范镇《东斋记事》）

范镇（1007—1088），成都华阳县（今成都华阳街道）人，北宋文学家、史学家，累封蜀郡公，赠右金紫光禄大夫。曾与欧阳修等合修《新唐书》。《东斋记事》是范镇写的有关时事见闻的笔记，所记内容涉及北宋典章制度、士人逸事以及蜀地风土人情等。

苏颂（1020—1101），原籍福建泉州府同安县(今厦门同安)人，北宋中期宰相，追封魏国公。苏颂好学，经史九流、百家之说、算法、地志、山经、本草、训诂、律吕等学，无所不通，特别是在医药学、天文学方面贡献突出。

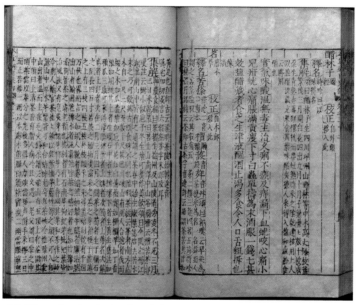

《本草纲目 卷三十二》明·李时珍著　明万历二十一年（1593）金陵胡承龙刻本

苏颂在《本草图经》中也写到"真茶性极冷，唯雅州蒙山出者温而主疾。"这是最早有蒙山茶记载的医书。后来李时珍在《本草纲目》中也提到："真茶性冷，惟雅州蒙山出者温而主疾。"（《本草纲目·果部第三十二卷 果之四 茗》）

蒙山茶性温有特色，难怪大诗人文同要说"蜀土茶称盛，蒙山味独珍"（《谢人寄蒙顶新茶》），还让自己的友人不要吝惜，频频寄来（莫惜寄来频）。

煎茶旧法出西蜀

宋代文豪黄庭坚有诗云："兔褐金丝宝碗，松风蟹眼新汤。"（《西江月·茶》）

宋人点茶，对水温十分讲究。点茶以执壶（汤瓶）煮水，水在瓶中，不便直接观察水中气泡的大小，于是，"听汤响"成了宋人判断水温的凭据。

水开有声，时作飞瀑泉流，又似车绕羊肠，忽如风过松林。

此时，水泡如同螃蟹眼睛大小，以此点茶，乳花正好。

所谓"忽听松风翻蟹眼，却疑春雪落寒江"。

宋人也爱仿古，也效仿唐人古法煎茶，煎茶多用风炉，风炉燃薪，拾取不难，是以松间林下，尽可携客烹茶，砖炉石铫，常与行相伴随。

掀开水瓮上的荷叶盖，舀一瓢清泉，碾一片新茶，静候松风声起，蟹眼汤熟。

茶可点，亦可煎，风雅茶事，尽在这"松风蟹眼"之间。

宋·刘松年《撵茶图》（局部）

明·仇英《赵孟頫写经换茶图》（局部）

煎茶旧法

宋人饮茶，根据不同场景，分煎茶法和点茶法：一个是仿效唐代的古法煎茶，一个是风行当下的汤瓶点茶。

四朝宰相文彦博（文潞公）尤其偏爱西蜀煎茶古法，在其带动下，用煎茶法烹煮蒙山茶，成为了时人对旷野意趣的追求。

西蜀煎茶法保留着"用葱、姜、橘子芼之"的原始吃茶印记，要在茶汤中加姜盐。宋人煎茶时，仍会在茶汤中佐以姜盐，煎出的茶味别具一格。邹浩《次韵仲孺见督烹小团》中说"方欲事烹煎，姜盐以为使"，自注"蜀人煎茶之法如此"，正所谓"煎茶旧法出西蜀"。

苏轼对故乡的煎茶法也是颇有研究，说茶想煎得好，需姜多盐少，"茶之中等者，若用姜煎信佳也，盐则不可"，因为唐人也说"盐损添常诫，姜宜著更夸"（唐·薛能《蜀州郑史君寄鸟嘴茶，因以赠答八韵》），故而要"姜新盐少茶初熟"（宋·苏轼《次韵周穜惠石铫》）。

初沸，则水合量，调之以盐味，谓弃其啜余，无乃而钟其一味乎？第二沸，出水一瓢，以竹筴环激汤心，则量末当中心而下。有顷，势若奔涛溅沫，以所出水止之，而育其华也。（唐·陆羽《茶经·五之煮》）

西蜀煎茶法，在苏轼兄弟笔下，惟妙惟肖地铺展开来。

苏轼像（清叶衍兰绘）

蟹眼已过鱼眼生，飕飕欲作松风鸣。
蒙茸出磨细珠落，眩转绕瓯飞雪轻。
银瓶泻汤夸第二，未识古人煎水意。
君不见昔时李生好客手自煎，贵从活火发新泉。
又不见今时潞公煎茶学西蜀，定州花瓷琢红玉。
我今贫病长苦饥，分无玉碗捧蛾眉。
且学公家作茗饮，砖炉石铫行相随。
不用撑肠拄腹文字五千卷，但愿一瓯常及睡足日高时。

宋·苏轼《试院煎茶》

年来病懒百不堪，未废饮食求芳甘。
煎茶旧法出西蜀，水声火候犹能谙。
相传煎茶只煎水，茶性仍存偏有味。
君不见闽中茶品天下高，倾身事茶不知劳，
又不见北方俚人茗饮无不有，盐酪椒姜夸满口。
我今倦游思故乡，不学南方与北方。
铜铛得火蚯蚓叫，匙脚旋转秋萤光。
何时茅檐归去炙背读文字，遣儿折取枯竹女煎汤。

宋·苏辙《和子瞻煎茶》

北宋·石执壶与石铫
陕西省蓝田县吕氏家族墓出土
可见宋人复古与创新兼备的饮茶文化

风炉（有汤炉、茶炉、茶社之称，多以铜铁铸之，如古鼎形）和茶铫子（多以金属或陶瓷制成，口大有短流，有柄或有三股交合的提梁，也称折脚铛）是煎茶最主要的器具。此外茶铛（有三足）与急须（短流而一侧有横直柄的壶）也是宋人煎茶的器物。

风炉形体不大，造型多样，因风炉煮水以薪作为燃料，拾取不难，且风炉本身也轻巧便携（宋代风炉也可为砖石垒砌），因此成为宋人亲近自然的首选，所以有"砖炉石铫形相随""砖炉石铫竹方床，何必银瓶为泻汤"（宋·马廷鸾《谢龙山惠拄杖并求石铫四首》）。砖炉、石铫与竹床，与煎茶古法相应，是宋人对古朴、风雅茶趣的追寻。

风炉

煎茶重在煎水，宋人对煮水的要求更高，同样以水泡大小来判断水的老嫩程度，相比于唐代追求的"鱼目"，宋人多以"蟹眼"为凭，须"一试风炉蟹眼汤"，此时水温为85～92℃，正宜茶味。

午枕初回梦蝶床，红丝小硙破旗枪。

正须山石龙头鼎，一试风炉蟹眼汤。

岩电已能开倦眼，春雷不许殷枯肠。

饭囊酒瓮纷纷是，谁赏蒙山紫笋香？

宋·陆游《效蜀人煎茶戏作长句》

清乾隆二十四年（1759）·金农《玉川煎茶图页》

内容为唐代著名诗人卢仝煎茶的场景，卢仝号"玉川子"，"玉川煎茶"是经久不衰的绘画题材之一。本册页为"扬州八怪"之一的金农73岁临宋画所绘。

南宋诗人陆游，46岁（1170）入蜀，54岁（1178）出蜀，在蜀地先后任职长达八年。

陆游一生爱茶，写下了近400首茶诗，说自己"它年犹得做茶神"。既来到蜀地，怎么可以错过大名鼎鼎的蒙山茶呢。陆游颇得蜀人品茶之妙，对西蜀煎茶法了如指掌，尤爱蒙山紫笋，他常常"自作蒙山紫笋茶"（作茶，即碾磨茶）、"自烧沉水瀹紫笋"，说"紫笋，蒙顶之上者，其味尤重。"

山石龙头鼎，这个鼎，是铛或铫的雅称，蟹眼汤熟，倦眼得开，枯肠得慰，朝堂之上"饭囊酒瓮"甚嚣尘上，又"谁赏蒙山紫笋香"呢！

银瓶点茶

与"古法"的煎茶相比，点茶是宋代最流行的饮茶方式，多用于宴会、家宴，也包括多人雅集。

点茶相较于煎茶最大的不同是茶叶磨成细末之后无需煎煮，而是将茶末调制成膏状置于茶盏中，一边用汤瓶中沸水冲点，一边用茶筅在盏中反复击打茶汤成白色泡沫，宋人称之为"乳花"，谁的汤花越白越厚，且细密持久不消散（称"咬盏"），谁就在这"斗茶"中获胜，宋词中常见：雪沫乳花浮午盏；晴窗细乳戏分茶等。

茶汤点好，还可在泡沫上作画，你绘一个"梅兰竹菊"，我作一个"万寿无疆"，宋人称为"茶百戏"，所谓"生成盏里水丹青，巧画工夫学不成"（宋·陶谷《清异录 卷下》）。如今日本的抹茶道也直接承袭自宋代的点茶法。

"咬盏"示意

忽听松风翻蟹眼，却疑春雪落寒江。（宋·刘著《伯坚惠新茶绿橘香味郁然便如一到江湖之上戏》）

蟹眼煎成声未老，兔毛倾看色尤宜。（宋·苏辙《次韵李公择以惠泉答章子厚新茶二首》）

雪乳已翻煎处脚，松风忽作泻时声。（宋·苏轼《汲江煎茶》）

曲几团蒲听煮汤，煎成车声绕羊肠。（宋·黄庭坚《以小团龙及半挺赠无咎并诗用前韵为戏》）

催茗饮、旋煮寒泉，露井瓶窦响飞瀑。（宋·黄庭坚《看花回·茶词》）

砌虫唧唧万蝉催，忽有千车捆载来。（宋·李南金《茶声》）

　　此外，点茶时，长流的汤瓶与方形燎炉取代了煎煮用的铫子与风炉。

　　汤瓶煮水，因水在瓶中，难以观测水泡判断煮水的程度："沉瓶中煮之不可辩"，只能通过水沸的声音来判断。宋人认为二沸后三沸起时的水点茶最佳，此时，瓶中水沸恰似风过松林之声。

　　然近世瀹茶，鲜以鼎镬，用瓶煮水，难以候视，则当以声辨一沸、二沸、三沸之节。（宋·罗大经《鹤林玉露》）

　　在这简单的煮水听汤中，宋人还听出了"车声""飞瀑""砌虫鸣"等等。

　　点茶的松风声与煎茶的蟹眼汤遥相呼应，忽听松风翻蟹眼；有"蟹眼煎成声未老"；恰"松风忽作泻时声"，可见彼时风雅。

　　而今，我们是否能静下心来，听一听煮水的声音呢。

宋·黑釉兔毫盏

宋·青白釉瓜棱执壶

汤瓶，又称茶注子，南宋审安老人在《茶具图赞》中，结合宋代官名称之为"汤提点"。

建盏，指福建建阳窑制作的茶盏，《茶具图赞》中称之为"陶宝文"。因茶汤贵白，于是黑釉、酱褐釉（紫盏）的茶盏成为宋人斗茶的宠儿。建盏口大底小，胎体厚重，主要分为敞口、撇口、敛口和束口四大类。按其釉面纹理，分兔毫盏、油滴盏、鹧鸪斑等。

宋·佚名《宋人春游晚归图》中的燎炉

宋代点茶流程

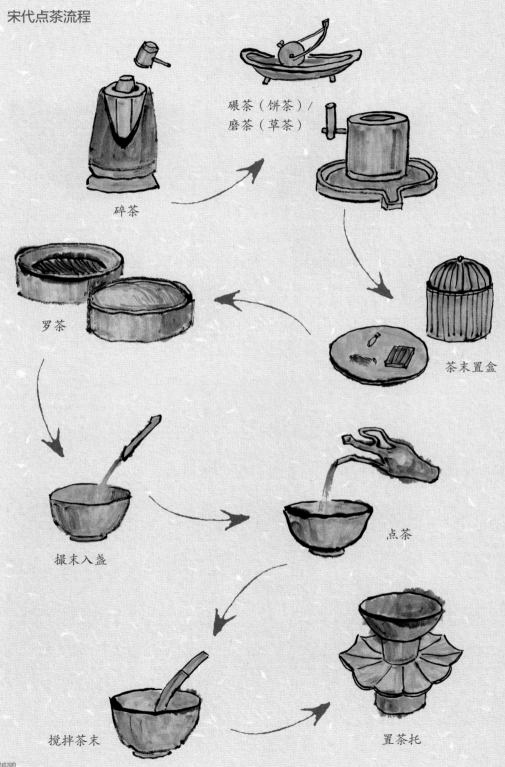

碎茶

碾茶（饼茶）/
磨茶（草茶）

罗茶

茶末置盒

撮末入盏

点茶

搅拌茶末

置茶托

笛材细织含风漪，蝉翼新裁云碧帷。
端溪砚璞斫作枕，素屏画出月堕空江时。
朱栏碧甃玉色井，自候银瓶试蒙顶。
门前剥啄不嫌渠，但恨此味无人领。

　　　　　　　　宋·陆游《睡起试茶》

　　蜀地淹留的一个午后，陆游睡起思茶，即刻用银瓶烧水候汤，一试蒙顶茶，如此滋味，惜无人领会，实可叹也。

南宋·佚名《春宴图》（局部）

新词侑茶

　　蒙山茶或煎，或点，各得意趣。两宋时期，蜀地文人还创立了以词送茶的习俗，一时间风靡全国，成为文人墨客间宴饮留别的风尚，也是宋朝"酒—茶—汤"宴会中必不可少的环节。延续至今，成为"客来敬茶"的传统待客礼数。

　　茶词起源于蜀地，其并非是专门的咏茶之作，而是歌妓在佐茶时所唱的歌词。宴罢之时，由歌妓送茶、歌茶词。这也正是茶词不同于茶诗的独特之处。

宋祁（998—1061），北宋官员，著名文学家、史学家、词人，与兄长宋庠并有文名，时称"二宋"。因《玉楼春》词中有"红杏枝头春意闹"句，世称"红杏尚书"。曾与欧阳修等合修《新唐书》。

宋·酱釉盖托

　　（正月）二日，出东郊，早宴移忠寺（旧名碑楼院），晚宴大慈寺。清献公（赵抃）记云：宴罢，妓以新词送茶，自宋公祁始。盖临邛周之纯善为歌词，尝作茶词，授妓首度之以奉公，后因之。（元·费著《岁华纪丽谱》）

　　宋祁入蜀期间，有善词者在酒宴后作茶词授妓献之，开启了以茶词送茶之风，成为宴饮活动中怡情悦性的保留节目。

南宋·佚名《春宴图》中仿宋徽宗《文会图》茶事部分所绘的燎炉与汤瓶

黄庭坚的家乡分宁县（今江西修水），是双井茶的茶乡。黄自幼嗜茶，宰相富弼曾称之为"分武宁一茶客"（见《朱子语类》）。黄庭坚诗赞家乡双井茶："山谷家乡双井茶，一啜犹须三日夸。"

黄庭坚像（清殿藏本）

　　而较早将茶词宴饮形式推广开来并形成风气的当推黄庭坚。黄庭坚一人所作茶词占宋代茶词的五分之一，是极为突出的。

龙焙头纲春早，谷帘第一泉香。已醺浮蚁嫩鹅黄，想见翻成雪浪。兔褐金丝宝碗，松风蟹眼新汤。无因更发次公狂，甘露来从仙掌。

宋·黄庭坚《西江月 茶》

　　宋哲宗绍圣二年（1095），黄庭坚谪居戎州（今四川宜宾）。据说他有一表妹史炎玉嫁在雅州芦山县（雅安蔡山和蒙山之间），得知表哥黄庭坚在戎州，史炎玉托人带去了当地特产绿菜（一种形似海带的藻类植物）和蒙山茶，黄庭坚早就对蒙山茶有所了解，品尝后更是赞不绝口，也因此有了这首《西江月 茶》。

张家口宣化下八里辽墓10号墓备茶图

宋·佚名《十八学士图》（局部）

宋筵的完整程序是酒、茶、汤。

酒是前筵，此时会有歌妓手捧酒杯，唱词劝酒，这一阶段持续时间最长，气氛也最热烈。

酒席终了时，茶席接续，是为后筵，同时歌劝茶词，伴有分茶、品茶等活动，一方面茶可解酒，另一方面也有留客之意，宴会进入相对舒缓平静的阶段，在优雅的茶事中，继续品味欢愉的时光。

茶后还有汤，是以果实、香料、药材等做成的保健饮料，亦伴有唱词佐欢，意义是送客。

　　客至则设茶，欲去则设汤，不知起于何时。然上自官府，下至闾里，莫之或废。（宋·佚名《南窗记谈》）

这是中华民族在日常生活中重礼数的体现，也是宋代茶文化发达的表现。直到今天，"客来敬茶"早已融入中华民族待客的礼数。

如何科学冲泡好一杯茶

宋人点茶讲究水温，当水泡似"蟹眼"时，水温在85~92℃，水泡呈"鱼眼"时，水温在95℃左右，与今天我们提倡的冲泡绿茶、黄茶的水温大致相同。

这样的水温泡茶有什么好处呢？

就茶叶内含物质而言，水温<90℃，茶汤中氨基酸（鲜爽味）浸出快，多酚类（涩味）、咖啡碱（苦味）等物质浸出慢，有助于茶汤滋味的表达。水温>95℃，芳香类物质浸出快，有利于茶叶香味的发散。

所以，在冲泡名优茶的时候，稍微凉一下水或者采用"上投法"都是有利于茶叶滋味的不错选择。

宋·绿釉剔刻花卉纹执壶

蒙顶黄芽与蒙顶甘露叶底对比

关于茶叶冲泡的基本原则：

原料越嫩（名优绿茶、黄茶），冲泡水温越低；原料成熟度越高（青茶类如铁观音、大红袍；黑茶），冲泡水温相对较高。

茶叶发酵程度越低（不发酵绿茶、微发酵黄茶、白茶），冲泡水温相对较低；发酵程度越高（全半发酵青茶、发酵红茶、后发酵黑茶），冲泡水温适当增高。

当然，好茶也是可以用开水冲泡的，在茶叶审评过程中，我们会将3克茶叶，采用100℃水温，长达5分钟闷泡，对茶叶进行"破坏性"冲泡。在极端条件下，判断茶叶的品质，寻找其加工过程出现的问题。经过高温，茶叶内含物质浸出相对完全，茶汤滋味确实非常"重"，但大量的实验及经验告诉我们，只要茶汤整体滋味调和，而不是单一的苦、涩明显，或者香味迅速衰减，以及不出现明显的品质缺陷，如"青草气""糊味""水闷味"等，那么，这款茶就及格了。

所以生活中，只要掌握了判断茶叶品质的基本方法，水温高一点低一点，都有不同的作用，也都可以喝出不同的感觉。

旧谱最称蒙顶味

潞公煎茶

北宋朝堂之上，有一位重量级人物自始至终力挺蒙山茶，使得蒙山茶一度活跃在北宋文人茶客的诗篇中，他便是身为四朝宰相的文彦博（文潞公）。

旧谱最称蒙顶味，露芽云液胜醍醐。
公家药笼虽多品，略采甘滋助道腴。

宋·文彦博《蒙顶茶》

梅尧臣、欧阳修、苏轼、黄庭坚等都曾与他同朝为官，文彦博历仕50年来，可谓遍尝天下好茶，却始终对蒙山茶情有独钟。他在成都任职期间，深受蜀地茶风影响，常以西蜀旧法亲手煎茶（煎茶旧法出西蜀（苏辙）），朝臣争相仿效（且学潞公灌蜀茶（黄庭坚）），风雅一时。

文潞公赞叹蒙山茶堪比醍醐，可作为国家珍贵财富，入"公家药笼"，是旧谱（五代·毛文锡《茶谱》）最为称道之物，饮之滋味丰富，回味无穷。

醍醐：指酪的精品，由奶炼成酪，由酪制作酥，再由酥制成醍醐，数甚少，味甘美。

韦鸿胪 茶焙笼

明万历四十年（1612）·丁云鹏《玉川煮茶图轴》

　　该图为丁云鹏为其好友王时敏而作，图绘唐代诗人卢仝在庭院中汲水煮茶的情景。虽然所绘人物为唐代，但从备茶器具来看，表现的却是元代至明代中期流行的煮茶法。

太守兴贡

　　仁宗时期，雅州太守雷简夫（字太简），一心想着要重振蒙山贡茶。他曾亲自督促茶叶采制，送到官员梅尧臣处，希望蒙山茶恢复入贡。梅尧臣也在诗中回应道：蒙顶茶因为雷太守的改进，汤嫩花浮，香味隽永。

> 陆羽旧茶经，一意重蒙顶。比来唯建溪，团片敌金饼。
> 顾渚及阳羡，又复下越茗。近来江国人，鹰爪夸双井。
> 凡今天下品，非此不览省。蜀荈久无味，声名谩驰骋。
> 因雷与改造，带露摘牙颖。自煮至揉焙，入碾只俄顷。
> 汤嫩乳花浮，香新舌甘永。初分翰林公，岂数博士冷。
> 醉来不知惜，悔许已向醒。重思朋友义，果决在勇猛。
> 倏然乃以赠，蜡囊收细梗。吁嗟茗与鞭，二物诚不幸。
> 我贫事事无，得之似赘瘿。
>
> 宋·梅尧臣《得雷太简自制蒙顶茶》

蒙山天盖寺

　　然而这等好茶，在朝堂上仍遭冷落：初分翰林公，岂数博士冷。这也与皇家推崇建茶，官场一力追捧有很大的关联。

　　雷太守在雅州任期不长，对蒙山茶的推广努力再三，尽心尽力，当地民众对其尊崇有加。蒙山天盖寺重建时，曾把雷太守塑像列于茶祖吴理真侧，供人们朝拜瞻仰，民心向背，古来如此。

茶叶冲泡常见问题

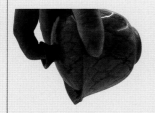

泡茶什么时候需要茶滤？

使用茶滤的主要目的是：过滤茶渣，避免茶渣浑汤。特别是原料成熟度较高的茶，或者紧压茶，在分装运输途中或者冲泡前撬茶过程中断碎较多，冲泡后需要使用茶滤，以免影响茶汤观感。

而嫩度较好完整度较高，尤其显毫（干茶表面有一层白色的茶毫，是茶叶氨基酸含量丰富的标志）的茶，如蒙顶甘露、碧螺春等名优绿茶，使用滤网反而会将茶毫过滤掉，影响茶汤鲜爽度。

茶叶到底冲泡几次？

对于嫩度较好的名优茶，如蒙顶甘露、蒙顶黄芽，一般冲泡3~5次；茶叶原料成熟度越高，冲泡次数随之增加；高山茶因内含物丰富，可冲泡次数也明显高于平地茶。

泡茶用纯净水还是矿泉水？

古人以名泉泡好茶的例子众多，尤其唐代宰相李德裕，为泡好茶不惜千里递水，将无锡惠山泉水运送至长安，后人讽曰："吴关去国三千里，莫笑杨妃爱荔枝。"陆羽也说："山水上、江水中，井水下。"

水为茶之母，不同水质的水，对茶汤影响十分明显。

比如水的硬度，硬水含有较多的可溶性钙、镁化合物，加热后，这些可溶性的钙、镁化合物转化成不可溶的物质，形成杂质，杂质越多，水的硬度越大，越不利于茶汤口感。

对于红茶而言，矿泉水中的矿物质容易与茶多酚及其氧化产物发生反应，致使茶汤发暗，茶味变淡、发苦，所以红茶更适合用纯净水冲泡，而对于青茶类中的岩茶，矿泉水则容易激发茶滋味的丰厚感。

明·佚名《司马光归隐图》（局部）

烟岩抱合五峰顶

我闻蒙山之巅多秀岭，烟岩抱合五峰顶。
岷峨气象压西垂，恶草不生生菽茗。

宋·吴中复《谢惠茶》

吴理真像

蒙山"五顶"是唐代以来人们对蒙山核心产茶地的通称，其所产之茶为"蒙顶茶"。蒙山"五顶"秀岭横斜，云雾缭绕，不生恶草，茶树繁茂。

蒙山皇茶园

植茶始祖

两宋时期，有关仙人、僧人、道人等在蒙山"五顶"种植茶树的故事广为流传。茶祖吴理真的事迹，也正是在这一时期传播开来的。

吴理真，曾在蒙山"五顶"手植茶树，至今仍有迹可寻。作为"有明确文字记载最早种茶的人""甘露大师""植茶始祖"，吴理真是蒙山茶文化的代表，被后人尊奉为茶祖。

清代刘喜海在《金石苑 卷六》中，收录了一块传为宋光宗绍熙三年（1192）的《宋甘露祖师像并行状》碑文（简称行状），讲述了吴理真传奇的一生：

吴理真在蒙山住锡修行时，曾手植七棵茶树，后来京师发生了旱灾，吴理真于是入定救旱，不久后天降甘霖。一天（四月二十四日，此据清代《四川通志》考），吴理真忽然隐化于蒙山五峰之巅的一口井中。侍者前来寻觅，仅得石像一尊，众人无不称奇，遂在井旁建造石屋用以奉祀。此后但凡遭遇干旱，只要汲取井水，就会天降甘霖。以至于百姓们凡有功名利禄、子孙繁衍、疾病疫情、灾难吉祥之事，都来求助神水，无不灵应。淳熙十三年（1186），宋孝宗特地敕封吴理真为"灵应甘露普慧妙济大师"。

> **宋甘露祖师像并行状**
>
> 师由西汉出现吴氏之子法名理真自领表来住锡蒙山植茶七株以济饥渴元代京师旱敕张秦枢密二相诏求雨济时师入定救旱少顷沛泽大通一日峰顶持锡窥井忽隐化井中侍者觅之爰得石像遂负井右建以石屋奉祀时值旱魃取井水霖雨即应以至功名嗣续疾疫灾祥之事神水无不灵感是师功德有以遗之也故邑进士喻大中奏师功行及民宋孝宗敕赐灵应耳（甘）露普慧妙济菩萨遗像者
>
> 时绍熙三年（1192）二月二十六日勒石于名山县蒙顶山房
>
> 清·刘喜海《金石苑》

清·刘喜海《金石苑 第六卷》　　　宋《甘露祖师像并行状》

　　除了《金石苑》中收录的碑文，成书于南宋嘉定、宝庆年间（1208—1227）的《舆地纪胜》中也出现了甘露大师吴理真的说法。

　　西汉时，有僧从岭表来，以茶实植蒙山，忽一日隐池中，乃一石像，今蒙顶茶，擅名师所植也，至今呼其石像为甘露大师。（南宋·王象之《舆地纪胜》）

　　宋徽宗政和四年（1114），文人孙渐在游览了蒙山智矩寺后，有感前朝事迹，留诗回忆了关于吴理真等蒙山植茶人的传说：

　　昔有汉道人，雍草初为祖。分来建溪芽，寸寸培新土。
　　至今满蒙顶，品倍毛家谱。紫笋与枪旗，食之绿眉宇。

　　　　　　　　　　　　　　　　（宋·孙渐《智矩寺留题》节选）

　　说的是茶在吴理真的大力种植下，如今布满蒙山；著名的毛文锡《茶谱》更是对其美誉有佳，认为喝了蒙山茶可令人容光焕发。

　　吴理真法师作为蒙山当地的知名人士，曾在蒙顶修行，手植茶树，又为百姓普降甘霖，受到皇帝敕封，享有菩萨名号，成为一方百姓的寄托，将其作为蒙山历代植茶人的缩影，称为"茶祖"。

　　至于有关吴理真的年代以及行状碑存在的争议，也就显得不那么重要了。

圣杨花，吉祥蕊

除了最富盛名的吴理真之外，五代以来，还流传着其他有关仙人、道人、僧人蒙顶种植名茶的故事。

吴地的僧人梵川，发誓供养南北朝时期的著名佛教居士——双林傅大士（497—569），于是前往蒙顶结庵种茶，经过了三年，制作出了品质绝佳的蒙山茶——圣杨花和吉祥蕊。

吴僧梵川，誓愿燃顶供养双林傅大士。自往蒙顶结庵种茶，凡三年，味方全美。得绝佳者圣杨花、吉祥蕊共不逾五斤，持归供献。（宋·陶谷《清异录卷下 圣杨花》）

蒙山千佛寺，始建于宋绍兴十一年（1141）

甘露茶

大名鼎鼎的蒙顶甘露，也是在宋代初露头角。宋代地理学家祝穆在其著作《方舆胜览》中（成书于1239年），最早提到了有关蒙山的名品——甘露茶，其所产之地常有祥云显现。

蒙山，在严道南十里，山有五顶，前一峰最高，曰上清岸，产甘露茶。常有瑞云及现相影现。（宋·祝穆《方舆胜览卷五十五》）

甘露一词，梵文有"念祖"之意，即怀念普济众生的甘露祖师。既有道家崇尚自然，天地相合，以降甘露的意味，又以喻佛法之妙，可见蒙山茶称为"甘露"，与北宋蒙山佛教兴盛密切相关。

甘露茶，也成为传承至今的蒙山茶的代表。

胡员外，宋代茶具"十二先生"之一，出自南宋《茶具图赞》，即茶瓢，葫芦所制，用于舀水，苏轼有诗"大瓢贮月归春瓮"，故又号"贮月仙翁"。

蒙山甘露井

蒙山天盖寺银杏树（树龄约2200年）

宋·祝穆《方舆胜览》卷五十五

宋代蒙山名茶

甘露茶（宋·祝穆《方舆胜览 卷五十五》）

圣杨花、吉祥蕊（宋·陶谷《清异录卷下 圣杨花》）

五花茶（蒙顶又有五花茶，其片作五出）（宋·朱胜非《绀珠集 卷十》）

蒙山雀舌茶奉献

不动法师

　　佛教对蒙山茶的传播起到了至关重要的作用。尤其宋代西域不动法师在蒙山永兴寺（相传建于三国，清代改名为永兴寺）挂锡修行期间，为普济幽灵，编著了普利六道众生的《蒙山施食仪》，已成为汉传佛教寺院必修的晚课。

　　虔诚献香花，智慧灯红焰交加；
　　净瓶杨柳洒堪夸，橄榄共枇杷。
　　蒙山雀舌茶奉献，酥酡普供养释迦；
　　百宝明珠奉献佛菩萨，衣献法王家。

《蒙山施食仪轨》"献供赞"诵文

　　"施食"是佛教中的一种善举，以特定的仪轨为饿鬼道、地狱道众生施舍饮食，帮助他们免除痛苦。

　　不动法师认为，既然活着的人已经诵过了弥陀经，修了大忏悔，得到利益了，那还应该要利益六道的众生，普利幽冥。禅师期望以大悲心，借佛、法、僧的力量，使六道众生都可以来此听经、闻法、忏悔，增长善根，共成佛道。

蒙山永兴寺

蒙山雀舌

在蒙山"施食"仪轨中，不动法师还因地制宜加入茶事。后人配"献供赞"诵文：用雀舌茶、酥酡供释迦，粗茶淡饭施饿鬼。

人佛相安，人鬼相安。《蒙山施食仪》从南宋盛行至今，已流传800多年，不动法师功德无量，同样被后世尊为"甘露大师"。

关于"献供赞"中的"蒙山雀舌茶"，则可能源于蒙山"露芽"，其外形与雀舌接近。五代时期，蜀地就以出产雀舌茶闻名。用蒙山茶礼佛，被视为对佛祖的尊崇，可见蒙山茶在佛门中享有很高的地位。

南宋·佚名《燃灯佛授记释迦文图卷》（局部）

蜀州晋原洞口、横源、味江、青城。其横源雀舌、鸟觜、麦颗，盖取其嫩芽所造，以其芽似之也。（五代·毛文锡《茶谱》）

　　蒙山智矩寺古茶树。智矩院是唐五代时期蒙山著名的道院，自宋代蒙山佛教兴盛后，改称智矩寺。蒙山茶为佛道并重，蒙山茶的传播，也与这些僧侣道徒的推崇密不可分。

时至今日，蒙山上依然回响着"蒙山雀舌茶奉献，酥酡普供养释迦"的赞诵声，还有那一碗碗甘露茶中的慈悲心肠……

加工工艺对蒙顶甘露品质的影响

蒙顶甘露，经传统"三炒三揉"工艺制成，主要工序为：杀青—揉捻—干燥。每一步都决定着其品质高下。

杀青：杀青主要是利用高温迅速破坏茶叶中多酚氧化酶的活性，防止茶多酚被氧化，散发水分，发展茶香。如果杀青不足，绿茶会呈现出青草气、水闷气等，在冲泡后的叶底中会看到"红梗红叶"（茶多酚被酶氧化后呈红色，红茶即是利用此原理，而绿茶要防止此现象发生）的现象；杀青过度，绿茶容易焦糊、不利于做型，且断碎损耗增多。

揉捻：揉捻的目的是塑造茶叶外形，同时破坏茶叶细胞，挤出茶汁，便于冲泡。若揉捻不足，茶叶滋味不明显，条索粗松；揉捻过度，茶叶不耐泡且容易浑汤。

干燥：干燥要求茶叶含水量在6%以下，即经手指（大拇指、食指）一捻可成粉的状态。干燥不足，茶叶不耐储存，容易变质；干燥过度（如温度过高），茶叶容易出现焦糊味，且断碎损耗增多等。

蒙顶甘露

蒙顶甘露,源起于宋,盛于明清。宋绍兴年间,蒙山先师入定祈雨,济世安民,受封"灵应甘露普慧妙济大师"。宋《方舆胜览》载"蒙山……上清岸,产甘露茶",甘露意为"念祖"。

茶叶分类：不发酵绿茶

加工工艺：传统"三炒三揉"工艺，主要工序为：杀青—揉捻—干燥。

原料等级：开园采独芽、一芽一叶初展。

品质特征：以川茶群体种所制甘露茶，内含物质丰富，滋味鲜爽回甘，毫香、嫩香清鲜高长。

外形：紧卷绿润，白毫显露

汤色：黄绿明亮

滋味：鲜醇甘爽

香气：毫香带花香，持久高长

叶底：黄绿明亮，匀整鲜活

贮存条件：密封、冷藏、清洁、干燥、避光、防异味

冲泡建议：

茶水比3克：150毫升；水温85～90℃；冲泡时间15～30秒，建议纯净水冲泡，可根据口感适当增减冲泡时间或投茶量。

沸水温杯后，可将茶投入杯中轻轻摇动，感受早春绿茶独特的香气。若用玻璃杯冲泡，可采用"上投法"，即先注水再投茶的方式进行冲泡。

「蒙顶毛峰」

蒙山毛峰，源自宋代蒙山贡茶，"万春银叶""玉叶长春"，分别于北宋宣和二年（1120）、宣和四年（1122）入贡。

茶叶分类： 不发酵绿茶

加工工艺： 杀青—做形—干燥

原料等级： 一芽一、二叶

品质特征： 以川茶群体种所制毛峰茶，内含物质丰富，滋味浓醇，香气高长。

外形： 紧卷绿润，白毫显露

汤色： 黄绿明亮

滋味： 浓醇鲜爽

香气： 毫香带栗香，持久高长

叶底： 黄绿明亮，匀整鲜活

贮存条件： 密封、冷藏、清洁、干燥、避光、防异味

冲泡建议：

茶水比3克：150毫升；水温85～90℃；冲泡时间15～30秒，建议纯净水冲泡，可根据口感适当增减冲泡时间或投茶量。

沸水温杯后，可将茶投入杯中轻轻摇动，感受早春绿茶独特的香气。

茶马互市

蜀茶总入诸蕃市

雅安名山区至今保留着北宋唯一遗留的茶马司遗址。

茶马互市自唐而兴，雅安茶一路沿西北而上与吐蕃、回纥易马；

宋代，蒙山茶褪去了皇家贡茶的光环，而默默承担起维护中原王朝安定的重要职能，作为统治者以茶治边的重要手段，两宋皇帝多次下诏名山茶专以易马、赏蕃，"不得他用"。

川藏公路开通前，明代修通的川藏茶马古道是入藏的捷径；清乾隆年间，雅安所产黑茶，专销康藏，因居成都之南，称"南路边茶"。

所谓"腥肉之食，非茶不消，青稞之热，非茶不解"。

"蜀茶总入诸蕃市，胡马常从万里来"，1 300多年来，雅安黑茶为中华民族的安宁和稳定做出了巨大贡献。其行销数量之大，是其他茶类难以比拟的。

边茶的历史与贡茶的历史交织，融入了蒙山茶文化的基因。

李安远者，夏州朔方人也。……从太宗征伐，特蒙恩泽，累战功，改封广德郡公。又使于吐谷浑，与敦和好，于是吐谷浑主伏允请与中国互市，安远之功也。（后晋·刘昫等《旧唐书 后晋》）

蜀茶入番

青海日月山（唐代称赤岭，位于今青海湟源县西南），在黄土高原与青藏高原的交界处，是中原通往青藏高原的必经之地，也是农耕民族与游牧民族极力争夺的战略要地。"唐蕃古道"经此而行，文成公主由此远嫁吐蕃。这里是唐蕃"丝茶换马"最早的互市地，与茶有着不解的渊源：武德八年（625），唐朝派广德郡公李安远来青海与吐谷浑修好，开互市之先河。从此，茶马贸易一直延续至清雍正年间。

茶叶之所以成为少数民族不可或缺的饮品，成为中央王朝"以茶治边"的手段，与茶叶在边民饮食结构中起到的消食去腻的功效有关。西北边民以食牛羊肉为主，缺少蔬菜，茶叶不仅可以消解油腻，还可补充维生素，平衡营养。

自唐代茶文化对外传播以来，吐蕃、回纥是最早兴起的嗜茶民族。

青海日月山口

赤岭会盟碑（青海省湟源县古道博物馆）　　宋代·铜僧帽壶

吐蕃

开元十九年（731），唐蕃以赤岭为交马之地，以甘松岭（四川松潘境内）为互市之地，此举极大促进了双方的经济交流。

> 吐蕃又请交马于赤岭，互市于甘松岭，宰相裴光庭曰："甘松中国阻，不如许赤岭。"乃听以赤岭为界，表以大碑，刻约其上。（《新唐书 卷二百一十六》）

虽然当时互市的主要交换品仍是丝绸一类，但来自雅安的茶已经逐渐开始崭露头角。

唐德宗建中二年（781），监察御史常鲁出使吐蕃，在其与吐蕃赤松德赞（赤都松赞之孙）关于茶叶的问答中也足见当时茶马贸易的兴盛。

常鲁公使西蕃，烹茶帐中。赞普问曰："此为何物？"鲁公曰："涤烦疗渴，所谓茶也。"赞普曰："我此亦有。"遂命出之，以指曰："此寿州者，此舒州者，此顾渚者，此蕲门者，此昌明者（按：指绵阳昌明茶），此澧湖者。"（唐·李肇《唐国史补》）

从唐太宗贞观八年（634）至唐武宗会昌二年（842），吐蕃使团入唐多达百余次，唐朝与吐蕃"金玉绮绣，问遣往来"。茶马贸易之茶，主要来自雅州、邛崃。晚唐时期吐蕃的尊佛与灭佛运动，更使得饮茶习俗在其僧俗间传播。

惟蜀茶，南走百越，北临五湖，皆自固其芳香，滋味不变，由此重之。（唐·杨晔《膳夫经手录》）

临邛……又有火番饼，每饼重四十两，入西蕃、党项，重之。如中国名山者，其味甘苦。（五代·毛文锡《茶谱》）

回纥

安史之乱后，唐王朝为酬谢回纥出兵援助，从肃宗至德二年（757年）起，每年赠其绢2万匹，回纥则回赠骏马2万匹，以换回丝茶。与此同时，回纥人开始进入松潘西部的草原和内地（灌县）参与茶马互市，故松潘至甘肃南部的川甘道又称"回鹘道"。

其后尚茶成风，时回纥入朝，始驱马市茶。（宋·欧阳修《新唐书隐逸传 陆羽》）

往年回鹘入朝，大驱名马，市茶而归，亦足怪焉。（唐·封演《封氏闻见记 卷六》）

回纥所获得的茶丝，除自用外，还远运中亚，往来于大唐与阿拉伯国家间。

夷人不可一日无茶以生。（元·佚名《宋史全文 卷二十六》）

人喜啖生物，无蔬茹醯酱，独知用盐为滋味，而嗜酒及茶。（元·脱脱《宋史 吐蕃传》）

纵观整个唐代，饮茶习俗更多只是在少数民族上层社会和僧侣中流行，茶马贸易也处于初始发展阶段，贸易主要是"贡""赐"的形式。到了宋代，随着饮茶习俗的普及，少数民族对茶叶的需求量骤增。

蜀茶尽榷

黄庭坚一生经历仁宗、英宗、神宗、哲宗、徽宗五朝60余年，这一时期，伴随着宋辽战事，茶马贸易日渐兴盛。

陇上千山汉节回，扫除民域不为灾。
蜀茶总入诸蕃市，胡马常从万里来。
宋·黄庭坚《叔父给事挽词十首》

诗中"陇上"指陇山（在甘肃、陕西境内），此处代指陕西。"蜀茶"北运、"胡马"西来，正是边茶贸易的写照。

而这北上甘肃、青海，与少数民族马匹进行交易，以及流转西南，承担着中央政府管理及赏赐番邦部落（羁縻赏番）的茶叶，绝大部分来自四川雅安。

为确保茶税持续增长，宋代实行了一套更为严厉的"榷茶"制度，即茶叶的专营买卖。加之朝廷与辽、西夏、金、蒙古战争不断，雅安茶成为北上易马、羁縻赏番的重要物资。

神宗熙宁年间，朝廷在四川大规模设立买马场："置威州（按：今四川理县）、龙州（按：今四川平武）、碉门（按：今四川天全）买马场"（南宋·李焘《续资治通鉴长编》），还将茶马互市的地点由西北的秦(今甘肃天水)、凤(今陕西凤翔)、熙(今甘肃临洮)、洮（今甘肃临潭）诸州改为西南的黎州（今四川汉源）、雅州（今四川雅安）。

唐·阎立本《步辇图》（宋摹本）局部

唐·韩干《十六神骏图卷》（局部）

从此，雅安所产之茶易番邦上等之马成为定例。蜀地的茶叶尽数被朝廷垄断，"蜀茶尽榷"（《宋史 食货志》），蒙山茶几乎全数用以茶马贸易。

熙宁七年（1074），朝廷派李杞入蜀，主理买茶易马之事。随后于1075年，又派遣蒲宗闵入川，施行四川雅安茶全部卖入官府的政策，严禁私行交易。

初，熙宁七年……李杞经画买茶，以蒲宗闵同领其事……杞创设官场，岁增息为四十万。其输受之际，往往压其斤重，侵其加直……于是宗闵乃议民茶息收十之三，尽卖于官场，蜀茶尽榷，民始病矣。（《宋史 食货志》）

不得他用

因四川距离西北、西南民族产马地近，宋神宗元丰四年（1081）"仍诏专以雅州名山茶为易马用"（《宋史卷一百九十八 志第一百五十一》），为雅州专制边茶之始。

同时，朝廷设有茶马司（管理机构）、买马场（互市地）管理茶马贸易。交易最火的市场有雅州（今四川雅安名山区新店镇）、雅州灵关镇（今四川天全）、雅州碉门（今四川天全）和黎州（今四川汉源）买马场。

当时，名山茶"岁运二万驮"（《宋史 卷二十六》），品质优异，换马深受青睐。

秦州买四岁至十岁四赤四寸大马一匹,用名山茶一百一十二斤。（《宋会要辑稿 职官四三》）

所以宋徽宗在建中靖国元年（1101）、大观二年（1108），分别再次重申：名山茶专用于换马，不得他用！

可令熙河兰湟路以名山茶易马,恪遵神考之训,不得他用。（《宋会要辑稿 职官四三》）

从元丰四年到大观二年（1081—1108），共28年时间里前后两位皇帝三次诏书"名山茶专用易马"，可见蒙山茶的影响。

大量的雅安茶，自此默默承担着维护边疆和平与民族稳定的使命，其行销数量之大，地位之重，是其他省市茶叶、茶类难以比拟的。有学者估计，两宋时期四川年产茶约3 000万斤；元丰八年（1085）四川茶叶产量达2 954.8万斤，是江南诸产茶省产茶之和，每年有1 500万斤以上销往西北地区……一直延续到清朝，为后来汉藏边境的文化交融、经济繁荣做出了巨大贡献。

时至今日，雅安名山区新店镇依旧保留着全国唯一一个北宋时期管理茶马贸易的茶马司遗址。赭红色的建筑，凝重而古朴，繁华过后，唯有黑底金字的"茶马司"三字，诉说着风烟过往。

雅安黑茶在各个历史时期的称谓

唐宋时期，以产地称"蜀茶""名山茶"，以销售对象结合形制称"火番饼"。如唐杨晔《膳夫经手录》："惟蜀茶，南走百越，北临五湖，皆自固其芳香，滋味不变。"《宋会要辑稿》："蕃戎性嗜名山茶"。五代毛文锡《茶谱》："临邛……又有火番饼……入西蕃、党项，重之。如中国名山者，其味甘苦。"

元代有"西番茶"之称。忽思慧《饮膳正要》有"西番茶，出本土，味苦涩，煎用酥油"。

明代以色泽称"乌茶""黑茶"，以形制称"巴茶""砖茶"。如洪武四年（1371）"四川巴茶三百十五户"，"巴"为蜀方言，"凡饼块为巴"。洪武二十一年（1388）"专令蒸乌茶易马"；"嘉靖三年……悉征黑茶"（《明史卷八十 志第五十六》）。

清代至民国，邛崃、名山、雅安、天全、芦山等地所产茶专销康藏地区，因其地居成都南边，称"南路边茶"。现在其制作技艺已成为国家级非物质文化遗产。

清光绪三十四年（1908），为抗击英国侵略，抵制印茶入藏，川滇边务大臣赵尔丰和四川总督大臣赵尔巽兄弟共同主持，在雅安挂牌成立"商办藏茶公司筹办处"，"藏茶"之名从此诞生（《四川茶业史》）。

中华人民共和国成立后，雅安茶厂于2000年决议：将本公司生产的"南路边茶"命名为"藏茶"（《关于命名"藏茶"的董事会决议》）。"藏茶"广义而言，指藏族群众居住地区民众历史上曾经饮用过的茶。狭义而言，是藏族群众自吐蕃时代以来，传承至今一直饮用的，以雅安为制造中心的，含有雅安本山茶（小叶种茶）的砖茶，有康砖、金尖、芽细、毛尖、金仓等不同类别。

雅安黑茶

自唐代开茶马互市先河起，雅安黑茶便承担起维护中原王朝安定的重要职能，作为统治者以茶治边的重要手段，一路西北而上与吐蕃、回纥易马。宋代皇帝多次下诏雅安黑茶专以易马、羁縻赏藩，"不得他用"。至今，雅安仍保留着北宋唯一遗留的茶马司遗址。明代专令征雅安"乌茶"易马，茶路通藏；清乾隆间，以雅安所产黑茶，专销康藏，因居成都之南，称"南路边茶"，公元2000年，更名为"藏茶"。

"蜀茶总入诸藩市，胡马常从万里来"，1 300多年来，雅安黑茶为中华民族的安宁和稳定做出了巨大贡献。

茶叶分类：后发酵黑茶

加工工艺：南路边茶传统工艺（非物质文化遗产工艺），主要工序为"杀青—揉捻—渥堆—干燥"

原料等级：一芽三、四叶

品质特征：以川茶群体种所制黑茶，内含物质丰富，汤色红浓明亮，滋味醇厚饱满，香气浓郁高长。

外形：平整紧实、棕褐油量

汤色：红浓明亮

滋味：醇厚饱满

香气：浓郁纯正

叶底：乌润匀整

贮存条件：常温、通风、清洁、干燥、避光、防异味，可长期存放。

冲泡建议：

茶水比3克：150毫升；水温85～90℃；冲泡时间15～30秒，建议纯净水冲泡，煮饮更佳，可加入陈皮、红枣、菊花等。可根据口感适当增减冲泡时间或投茶量。

雅安周公山茶园

蒙山伴元曲

雪乳香浮塞上酥

西番大茶

元代以前，边销茶并非都是以粗老茶叶制成的"粗茶"。

五代毛文锡《茶谱》中提到的火番饼，就与火前采摘嫩叶制作有关。宋代也有蒙顶"细茶博马"之说。

临邛数邑茶，有火前、火后、嫩绿、黄芽号。又有火番饼，每饼重四十两，入西蕃、党项，重之。如中国名山者，其味甘苦。（五代·毛文锡《茶谱》）

旧博马皆以粗茶。乾道末，始以细茶遗之……惟广汉之赵坡、合州之水南、峨眉之白芽、雅安之蒙顶，土人亦珍之。（宋元·马端临《文献通考 卷十八》）

清代四川灌县细茶贡茶，产自四川灌县（今四川都江堰）

受战争影响，元代雅州边销茶产量减少，采制变得粗放，称"西番大叶茶"（《元史 卷九十四 茶法》）。西番大叶茶产量有限，也少有记载。

西番茶因其味浓苦涩，反而适宜熬制酥油茶，深受藏区民众喜爱。"西番茶，出本土，味苦涩，煎用酥油"（元·忽思慧《饮膳正要》）。

元朝统治者来自蒙古草原，无需以茶易马，只重茶税。元朝统一后，为加强对西藏的管理，在四川专门设立了"西番茶提举司"，管理入藏茶叶。此外，元政府非常重视对古道的开拓，茶马古道大大延伸。

黎州、雅州、天全、名山、松潘等地销往藏区的茶叶统称"西番茶"，后来"西番茶"产区扩大至邛州、峨眉、夹江等地。

兰膏酥签

金芽嫩采枝头露，雪乳香浮塞上酥，我家奇品世间无，君听取，
声价彻皇都。（元·李德载《阳春曲 赠茶肆》）

元代统治者入主中原后，结合汉藏茶文化，形成了具有蒙古特色的
饮茶方式，如"兰膏茶""酥签茶"等。

世以酥入茶为兰膏。（元·许有壬《至正集卷十六 咏酒兰膏次恕斋
韵》）

兰膏：玉磨末茶三匙头，面、酥油同搅成膏，沸汤点之。（元·忽
思慧《饮膳正要》）

酥签：金字末茶两匙头，入酥油同搅，沸汤点之。（元·忽思慧
《饮膳正要》）

可见元代的"兰膏茶"和"酥签茶"，都是以末茶和酥油为主要原
料制作的，这些也是汉蒙饮食文化交融的结果，正所谓"雪乳香浮塞上
酥"，足见雅安茶的影响力。

"兰膏"和"酥签"在百姓生活中也备受欢迎。元杂剧《吕洞宾三
醉岳阳楼》中，吕洞宾喝完酥签后，还能判断"茶里无有真酥"。《月
明和尚度柳翠》里也有："茶博士，造个酥签来。"

入茶酥：食经诸品将好酥于银石器内溶化，倾入江茶末搅匀，旋旋添
汤，搅成稀膏子，散在盏内，却着汤侵供之。茶与酥，看客多少用，
但酥多于茶些为佳，此法至简且易，尤称美，四季皆用汤造，冬间造
在风炉子上。（《永乐大典卷之二千四百五 六模》）

山西省长治市屯留区康庄村2号元墓仕女备茶图

元至正十一年（1351）
磁州窑白地黑花花卉纹罐

青旗一叶碾新芽

成吉思汗时代，蒙古上层的统治者们对茶并不陌生，朝廷专设有掌管内廷茶叶供奉的机构，茶成为了"上而王公贵人之所尚，下而小夫贱隶之所不可阙"（元·王祯《农书 卷十》）的民生日用之资。元代贡茶规模远没有唐宋时期大，御茶园也改以福建武夷山四曲为主。

不过，制茶的简化与改革，却是从元代开始的。

唐宋时期，制茶以"蒸压"为主，即以"蒸"杀青，以"压"成型。宋代蒸青团茶已开始向蒸青散茶转变，到了元代，蒸青团茶逐渐退出历史舞台，而以蒸、揉、焙制成的蒸青散茶逐渐成为茶品主流。

当时的茶叶有"茗茶""末茶"和"蜡茶"三种。

所谓"茗茶"，即芽茶或叶茶，属于散茶；"末茶"是"先焙芽令燥，入磨细碾"而成的粉末茶；至于"蜡茶"，是蜡面茶的简称，即团茶或饼茶。这三种茶，以"蜡茶最贵"，制作最"不凡"，所以"此品惟充贡茶，民间罕见之"。在元朝中期以前，除贡茶仍采用紧压茶以外，大多数地区都只采制和饮用叶茶或末茶。

茶有二类，曰片茶，曰散茶。（《宋史 食货志》）

茶之用有三，曰茗茶，曰末茶，曰蜡茶。凡茗煎者择嫩芽，先以汤泡去熏气，以汤煎饮之，今南方多效此。然末子茶尤妙，先焙芽令燥，入磨细碾，以供防试……蜡茶最贵而制作亦不凡，择上等嫩芽，细碾入罗，杂脑子诸香膏油，调齐如法，印作饼子，制样任巧，候干，仍以香膏油润饰之，其制有大小龙团带胯之异，此品惟充贡献，民间罕见之。（元·王祯《农书 卷十》）

蒸青散茶

蒸青散茶，顾名思义，即茶叶经水蒸气杀青后不再拍压成饼，省去宋代以来团饼茶榨茶、研磨、过黄等工序，不仅省时省力，也保留了茶芽叶本来的完整形状。

采讫，以甑微蒸，生熟得所（原注：生则味涩/熟则味减）。蒸已，用筐箔薄摊，乘湿略揉之，入焙匀布，火烘令乾，勿使焦，编竹为焙、裹箬覆之，以收火气。茶性畏湿，故宜箬收藏者，必以箬笼剪箬杂贮之，则久而不浥。宜置顿高处，令常近火为佳。（元·王祯《农书 卷十》）

这种制法"乘湿略揉""令常近火"，尚有唐宋饼茶"蒸罢热捣""贮煻煨火"的痕迹。

略蒸，色小变，摊开扇气，通用手揉，以竹箬烧烟火气焙乾，以箬叶收。（元·鲁明善《农桑衣食撮要 卷上》）

"摊开，扇气"，已可见人们有意识地避免蒸青后的水蒸气对茶叶颜色和品质的影响。

炒青散茶

在蒸青散茶的基础上，元代炒青（锅炒杀青）散茶也逐渐兴盛。作为过渡状态，炒青散茶刚开始也是先将茶叶蒸或者烫（捞青）后去水焙干，再进行炒制。

经过炒制的茶叶，其茶香茶味更为芬芳纯清。

试茶：采嫩芽，先沸汤，乃投芽煮变色，挹取握去水，小焙中焙欲干，铛内略炒使香，磨碾皆可。坐围临泉，旋撷旋烹，芳新不类常韵。（《寿亲养老新书 卷三》：卷一原名《养老奉亲书》，为宋代陈直撰；卷二至卷四为元代邹铉续增。）

元代还有加入了酥油、牛奶等与茶芽一同炒制，可见茶叶制法演变的过程。直到明代，炒青法才正式成为茶叶加工的主流。

用铁锅烧赤，以马思哥油，牛奶子，茶芽同炒成。（元·忽思慧《饮膳正要 卷二》）

元·《点茶图》内蒙古赤峰市元宝山区沙子山1号墓出土

泡茶发端

散茶的流行，使得"煮茶芽""烹茶芽"这种接近"泡茶"的方式，在元代也渐渐流传开来。相比于唐宋饮茶杂用香料，元代则普遍用直接焙干的散茶煎煮，不加或极少加入其他香料调料。

"玉屑三瓯烹嫩茶，青旗一叶碾新芽"（元·耶律楚材《西域从王君玉乞茶因其韵七首 其三》），已可见饮"芽茶"的形态。至明代，泡茶法更是成为主要的饮茶方式。

元代依然延续着宋代点茶法，"建汤：玉磨末茶一匙，入碗内研匀，百沸汤点之。"（元·忽思慧《饮膳正要》）

清茶：先用水滚过，滤净，下茶芽，少时煎成。（元·忽思慧《饮膳正要》）

蒙山顶上春光早

宋元战事以来，雅州战火连绵，农事荒废，"黎雅几弃于羌"，几乎没有关于蒙山茶的记载。然而，在反映市井民众生活的元曲中，蒙山茶依旧是文人们心灵的依托。

茶肆遗曲

"扬子江心水，蒙山顶上茶"，这副广为流传的茶联，正是从元代散曲中发端，并逐渐流传开来的。

不同于官焙贡茶的高高在上，历代文人的偏好与诠释，已然让蒙山茶带有一种旷野高洁的气息，一如陆游所说"酒囊饭翁纷纷是，谁赏蒙山紫笋香"。

元代社会等级制度严苛，文人们深感才不尽用，大多选择了隐居生活，他们以处士、居士、隐士自喻，索性游历山水市井之间，对底层社会也有了更深切的体察与共情，许许多多复杂的情绪，都在曲中、茶里倾泻而出。

元杂剧和散曲中，随处可见蒙山茶的身影。最有名的还属李德载的组诗《阳春曲 赠茶肆》，其中有四首直接或者间接与蒙山茶有关，曲调贴切，回味无穷。

元戎重兵，宋代遗民惨遭屠戮，或徙或逃亡，无复存者，黎雅几弃于羌矣。（《汉源县志》）

元·朱玉《太平风会图》（局部）

　　蒙山顶上春光早，扬子江心水味高。陶家学士更风骚，应笑倒，销金帐，饮羊羔。（元·李德载《阳春曲 赠茶肆之三》）

　　此曲再度将蒙山茶与长江水并提，上承陆游"雪山水作中泠味，蒙顶茶如正焙香"之意。

我则道蒙山茶有价例，金山寺里说交易。（元·马致远《江州司马青衫泪》）

也不索采蒙顶山头雪，也不索茶点鹧鸪斑。（元·马致远《吕洞宾三醉岳阳楼》）

元·湖田窑青白釉执壶

此外，还可以从元曲中看见茶事的普及与繁荣。

如茶饭，元代习惯把"茶"与"饭"并称，"茶饭""茶食"高频出现。"我将饭充饥，茶解渴"（佚名《包龙图智赚合同文字》），也是茶文化在日常生活中传播的一个重要的细节。

元曲还塑造了不少经典的茶商形象，像"浮梁茶客""茶商刘一郎""冯魁""茶三婆""茶员外"，这些茶商"财大气粗"，也正是元代茶叶经济的繁荣发展造就的。

此外，元代还出现诸多以"茶"字命名的意象，元时许多民族人民都喜欢用茶来为女子取名：

绣袄儿齐腰撒跨，小名儿唤做茶茶。（元·佚名《双调 一锭银过大德乐 咏时贵》）

自家完颜女直人氏，名茶茶者是也。（元·李直夫《便宜行事 虎头牌》）

可见，以茶为名代表着人们美好的愿望。

散茶革命

露芽便合偕蒙顶

采芽以进

到了明代，散茶加工技术迅速发展。洪武二十四年（1391），伴随着朱元璋的一旨诏令："罢造龙团，惟采茶芽以进。"（明·沈德符《万历野获编补遗 卷一》）皇家贡茶也由团饼茶改为散茶。

自此，团饼茶淡出历史，与之适用的点茶技艺和斗茶游戏也逐渐被散茶瀹（泡）和清饮替代。"采芽茶""制芽茶""饮芽茶"流行开来。中国饮茶史、制茶史的全新纪元正式开启，人们对茶叶品质和饮茶意境的追求也更加精细讲究。

改贡散茶的诏令一出，极大推动了散茶制作技术的发展和创新，也促使明代制茶工艺达到了高峰。这体现在明代涌现出的大量茶叶加工方面的书籍上，如张源的《茶录》、许次纾的《茶疏》、罗廪的《茶解》、闻龙的《茶笺》等书，都对炒青制茶法作了详尽的记载。

宋代漕臣郑可简为了讨好徽宗皇帝，将蒸好后的茶芽，摘去外面的两小叶，只取中间的一缕细芯，用珍贵器具盛清泉水浸渍，叫作银线水芽，莹洁光亮，仿佛银线一般，极细，极嫩。然后用银线水芽再制成饼茶，取名龙园胜雪。制作一饼茶，需要耗费巨大的人力物力。

明代罗廪《茶解》所记载的炒青制法，包括炒、摊、揉、复炒、焙等工序，可见绿茶的炒青工艺在明代已基本定型。人们对于炒青火候更是颇有研究，要"候锅极热""火不可缓"且"火候匀停"，才可"色香全美"，实在是"中有玄微，难以言显"。（明·张源《茶录 造茶》）

同时，在炒青茶基础上，制茶工艺迅速演变发展，今人熟知的六大茶类大多创制于明朝，对现代茶叶加工影响深远。

炒茶，铛宜热；焙，铛宜温。凡炒止可一握，候铛微炙手，置茶铛中札札有声，急手炒匀。出之箕上，薄摊用扇搧冷，略加揉接。再略炒，入文火铛焙干，色如翡翠。若出铛不扇，不免变色。（明·罗廪《茶解 制》）

辨茶：茶之妙，在乎始造之精。藏之得法，泡之得宜。优劣定乎始锅，清浊系乎末火。火烈香清，锅寒神倦。火猛生焦，柴疏失翠。久延则过熟，早起却还生。熟则犯黄，生则著黑。顺那则甘，逆那则涩。带白点者无妨，绝焦点者最胜。（明·张源《茶录》）

　　茶叶由"蒸青"变为"炒青"，不仅减少了大量碾造之劳，更使得茶叶颜色、香气、滋味、形状等品质都大有提高。明代文人们对"芽茶"也是推崇有加，认为芽茶香色俱全，即采即炒，不杂香料，更得茶之真味。

　　此时的蒙山茶，也改作炒青散茶，其工艺精湛，香味隽永，为一时代表。蒙山茶配以"天下第二泉"的惠山泉，那滋味，只怕司马相如的消渴病也可得缓解，卢仝的七碗风韵就在此中了。

　　未展枪旗摘社前，手题封裹寄芳鲜。
　　露芽便合偕蒙顶，活水还当汲惠泉。
　　评品已无鸿渐试，捧尝续待绿珠煎。
　　文园不用愁多渴，啜罢垂风访玉川。
　　　　　　　　明·钱子正《子义弟惠茶》

茶之团者片者，皆出于碾硙之末，既损真味，复加油垢，即非佳品，总不若今之芽茶也，盖天然者自胜耳。（明·田艺蘅《煮泉小品》）

然冰芽先以水浸，已失真味，又和以名香，益夺其气，不知何以能佳。不若近时制法，旋摘旋焙，香色俱全，尤蕴真味。（明·许次纾《茶疏》）

你知道3克绿茶有多少个茶芽吗？

　　平时我们喝的一泡茶（3克左右），有约338个
茶芽（蒙顶甘露），也就是说，茶农的手在茶树上
将采摘动作重复300多次，才有我们喝的一泡茶，1
斤蒙顶甘露（500克）大约有近6万个茶芽！

　　好茶不易，且喝且珍惜！

明·文徵明《惠山茶会图》（局部）

不扇色黄

炒青绿茶的发展，使得人们对于水分与温度作用引起的茶叶"黄变"有了新的认识：绿茶在杀青和存放过程中，若不及时将热气散去，茶色就会变黄，以至于香味俱减，此时记载的"黄变"之茶为绿茶制造不当的产物：

炒时，须一人从旁扇之，以祛热气，否则黄色，香味俱减。余所亲试，扇者色翠，不扇色黄，炒起出铛时，置大瓷盘中，仍须急扇，令热气消退，以手重揉之，再散入铛，文火炒乾……

散所炒茶于筛上，阖户而焙，上面不可覆盖。盖茶叶尚润，一覆则气闷罨黄。须焙二三时，俟润气尽，然后覆以竹箕，焙极干，出缸，待冷，入器收藏。（明·闻龙《茶笺》）

明·闻龙《茶笺》
（明《本草乘雅半偈》引）

顾彼山中（按：指霍山大蜀山）不善制造，就于食铛大薪炒焙，未及出釜，业已焦枯，讵堪用哉。兼以竹造巨笥，乘热便贮，虽有绿枝紫笋，辄就萎黄，仅供下食，奚堪品斗。

置顿：令裹灰常燥，一以避风，一以避湿。却忌火气入瓷，则能黄茶。（明·许次纾《茶疏》）

如今，现代黄茶的"闷黄"工艺正是人们在炒青绿茶"黄变"基础上加以利用和改进，发展而来。

蒙山的名茶，经过散茶工艺改革，性味独到，更胜于前，所以李时珍在《本草纲目》中也延用了前人说法：真茶性冷，惟雅州蒙山出者温而主疾。

一蒙山顶属君家

明代散茶流行后，冲泡法代替了煎煮法逐渐演变成明代饮茶的主要方式，"开千古茗饮之宗"。明代文人在茶叶香气和口感辨别上也尤为精细，许多与泡茶相关的器物就此兴起，也诞生了人们专用以品茶幽思的"茶寮"。

茗饮之宗

泡茶法又叫瀹饮法、撮泡法，由点茶法演化而来，是把茶叶放在茶壶或茶杯里，冲入开水、直接饮用的方法。

今人惟取初萌之精者，汲泉置鼎，一瀹便啜，遂开千古茗饮之宗。（明·沈德符《万历野获编》）

叶茶冲泡的方法古已有之，但多在民间及少数产茶地区流行，并未被文人和上层贵族们接受，明朝初期的饮茶方式仍以点茶法为主，只是在茶型上改用散茶而非饼茶。

直到明朝后期，泡茶法才基本取代点茶法成为主流饮茶方式，并从此固定下来、沿袭至今。

芽茶以火作者为次，生晒者为上，亦更近自然，且断烟火气耳。况作人手器不洁，火候失宜，皆能损其香色也。生晒茶瀹之瓯中，则旗枪舒畅，清翠鲜明，尤为可爱。（明·田艺衡《煮泉小品》）

于是，这种"简便异常，天趣悉备，可谓尽茶之真味矣"（明·文震亨《长物志》）的瀹泡法彰显出中国茶质朴隽永的文化意蕴。

明·佚名《李升款斗茶图页》（局部）

瀹泡法的诞生，使得茶叶品评标准也发生了转变。唐宋煎茶重在煎，故以色为主要品评标准；明人饮茶重在"瀹"，则尤其注重茶的"真香"。

炒青技艺使茶中含有的众多芳香物质更好的发挥出来，层次丰富、富于变幻的香气也让明代茶人在饮茶时获得比前朝人更多的情感体验。

同时，散茶经炒青后不添加其他的香料，茶本真的滋味可以得到充分地发挥，这在绿茶品饮中尤为明显。

杭州不饮胜公茶，却訾龙井如草芽。

夸言虎丘居第二，仿佛如闻豆花气。

罗岕第一品绝情，茶复非茶金石味。

我思生言问生口，煮花作饮能佳否？

……

明·陶望龄《胜公煎茶歌兼寄嘲中郎》

诗人笔下，龙井未免草气，虎丘显花气，罗岕则为金石气，这种对于茶叶香气的精细区分，在前代茶诗中几乎不曾有。这与明代散茶的普及有着密切的关系。

此外，很多生动的诗句，如，白瓯沸雪发兰香（明·张岱《曲中妓王月生》）；分得新茶带酪香（明·程敏政《斋所谢定西侯惠巴茶》）等，我们都可以从中感受到明代文人在茶叶香气和口感辨别上的精细。

岕茶是明人的新宠，"岕"，意为介于两山峰之间的空旷地，"罗岕，去宜兴而南，逾八九十里。浙直分界，只一山冈，冈南即长兴山。两峰相阻，介就夷旷者，人呼为岕"（明·周高起《洞山岕茶系》），又因唐代罗隐曾隐居于此，故称罗岕，有学者认为此茶前身即阳羡茶，或此茶是阳羡茶的一种。

漉尘醒茶

为了更好品茶真味，诱发茶香，明代文人还特地"发明"了一个步骤：洗茶。当时还有专用的"茶洗"，又名"漉尘"。

茶洗以银为之，制如碗式而底穿数孔，用洗茶叶。凡沙垢皆从孔中流出。亦烹试家不可缺者。（明·张谦德《续茶经 茶洗》）

因当时茶叶加工的局限，洗茶不仅为洗去散茶表面附着的杂质，同时还起到所谓的"醒茶"作用。

洗茶，首见于明代钱椿年、顾元庆《茶谱》中的"煎茶四要"："一择水，二洗茶，三候汤、四择品"，认为烹茶前，要"先以热汤洗茶叶，去其尘垢冷气，烹之则美"。

于是洗茶作为明代饮茶过程的必要步骤，被确立下来，且愈为讲究。

为了保证茶叶的香味不至于在洗茶过程中大量流失，明人还特别提出洗茶宜用温水、"不可太滚"，且茶叶洗后马上收藏盖好、勿令茶香挥散。

明人之所以如此重视"洗茶"，除了尽得茶味之外，还有饮茶卫生的需要。古代茶叶采制、运输、贩卖及储藏条件有限，散茶在加工和流通过程中难免会沾染上灰尘和杂质，"烹时不洗去沙土，最能败茶"（明·许次纾《茶疏》）。如何让茶叶在冲泡过程中，香味得以充分表达，是人们十分关注的问题。因此，明人不仅注重不同季节里投茶注水的先后次序，还提倡用温水先去茶之冷气，激发茶香，增添口感。

先以滚汤候少温，洗茶去其尘垢，以定碗盛之，俟冷点茶，则香气自发。（明·文震亨《长物志》）

论烹茶：先以上品泉水涤烹器，务鲜务洁。次以热水涤茶叶，水不可太滚，滚则一涤无余味矣。以竹箸夹茶于涤器中，反复涤荡，去尘土、黄叶、老梗净，以手搦干，置涤器内盖定，少刻开视，色青香烈，急取沸水泼之。夏则先贮水而后入茶，冬则先贮茶而后入水。（明·冯可宾《岕茶笺》）

明·唐寅《事茗图》（局部）

堪茶有寮

"茶寮"，是明代文人茶事活动的专用场所。"僧寺茗所曰茶寮。寮，小窗也"（明·杨慎《艺林伐山 茶寮》），泛指僧俗饮茶的小室或小屋，也就是我们今天的茶室。茶寮可以是专门的空间，也可以只是房间一角，一个茶台，又或者山野之间的一方茶席。

小斋之外，别置茶寮，高燥明爽，勿令闭塞。壁边列置两炉，炉以小雪洞覆之，止开一面，用省灰尘腾散。寮前置一几，以顿茶注茶盂，为临时供具。别置一几，以顿他器，傍列一架，巾帨悬之，见用之时，即置房中。斟酌之后，旋加以盖，毋受尘污，使损水力。炭宜远置，勿令近炉，尤宜多办宿干易积。炉少去壁，灰宜频扫。总之以慎火防熱，此为最急。（明·许次纾《茶疏·茶所》）

饮茶，经明代文人的提炼修饰，凝结了唐人之古雅，宋人之精细，褪去了市井俚俗，融入了更多的诗画琴棋，变得愈加精致。由此诞生了象征着安放心灵的清谈幽思之所，形成了明代特有的"茶寮文化"。

比起之前的朝代，明代文人更倾向于一种退守式的生活，以平和之心享受现实人生。在精致细腻中透显着一种朴实与亲切，一种对繁华易逝的思考。明人与茶，不似唐之"茗粥"，也不似宋之"茗战"，更多的是"独品"，是对茶之"思"。

洁一室，横榻陈几其中，炉香茗瓯，萧然不杂他物，但独坐凝想，自然有清灵之气来集我身。清灵之气集，则世界恶浊之气，亦从此中渐渐消去。（明·李日华《六研斋笔记》）

所谓"勘茶有寮"，明人笔下常常可见"清暑茶寮""煮茶轩""梦茶阁"等，于是茶寮饮茶遂成为茶人的生活清课，是"幽人首务，不可少废"（明·文震亨《长物志》）。

有嘉客到访，主人便手自煮茶，一瓯春雪，堪寄高斋幽赏。

难得的好文章，自然只能用可遇不可求的好茶来换，"但使毫端吐舍利，一蒙山顶属君家"，如果阁下写出精妙华章，那么这上好的蒙山茶便归你所有。

玉堂润笔元无价，珍贵吴兴只换茶。

但使毫端吐舍利，一蒙山顶属君家。

（明·王世贞《赵承旨为恭阇黎写经毕以诗乞茶真迹在余所戏代恭答》）

明·嘉靖 紫砂提梁壶

是目前所见年代可考器物中，时代最早的紫砂壶，壶形与明嘉靖时期画家王问所绘《煮茶图》上的提梁壶造型一致。

明·沈贞《竹炉山房图》（局部）

官至礼部尚书的陆树声在九山别墅适园啸轩之西特建茶寮，就中茶器一应俱全，以供晚年栖息。

园居敞小寮于啸轩埤垣之西，中设茶灶，凡瓢汲罂注濯拂之具咸庀。择一人稍通茗事者主之，一人佐炊汲。客至，则茶烟隐隐起竹外，其禅客过从予者，每与余相对结跏趺坐，啜茗汁，举无生话……时杪秋既望，适园无诤居士，与五台僧演镇、终南僧明亮同试天池茶，于茶寮中漫记。（明·陆树声《茶寮记》）

陆树声是位恬退的显宦，位望、年寿皆高，以九山散樵自号，"性嗜茶，著茶类七条"。明代茶人所撰书中，仅有陆著以"茶寮"名篇。

需要洗茶吗?

洗茶，是明代冲泡散茶时发展出的一个步骤。一是为洗去茶中杂质，二是为浸润茶叶发展茶香。

在当时的历史时代背景和卫生条件下，冲饮散茶之前先用温水洗茶的程序是必要且符合客观条件及需求的。

今天洗茶是洗掉灰尘吗?

现代社会的食品加工条件、卫生水平、监制标准等较古代早已明显提高，合格的茶叶产品绝不可能还像明代散茶那样夹杂大量尘垢、沙土、杂质。

"洗茶"这个动作，如果从卫生角度，即"洗去灰尘杂质"而言，则无论对何种茶类，都已经没有当初的意义了。

今天润茶的作用

不过，"洗茶"这一动作发展茶香的目的，今天依然适用。今天我们也多称之为润茶、温润泡，即将第一次润茶的水迅速倒掉。此方法多用于原料成熟度较高及外形紧结的茶，如铁观音、紧压黑茶、白茶饼，帮助其舒展外形，浸发茶香，便于后续冲泡时滋味物质的浸出。

明·王问《煮茶图》（局部）

对于嫩度较好的名优茶，洗茶反而导致茶芽中内含物质迅速浸出，造成营养物质流失。

所以无论人们选择在现代茶艺程序中保留、修正或不再进行"洗茶"这项操作，都有必要对其历史源流和文化内涵加以清晰的认知和理解，才能更加客观、科学地看待、解释"洗茶"这一操作，消除饮用者的误解。

洗茶能洗掉农药残留吗？

洗茶是洗不掉农药残留的，因为大部分农药残留是脂溶性物质，不溶于水，即使茶叶中有少量的农药残留，泡出的茶汤中农药含量也是极低的，通过饮茶摄入的农药也在安全范围内，人体产生健康风险的可能性较低。

且"农药残留"不等于"农药超标"，只要茶叶农药残留在国家标准［详见食品安全国家标准《食品中农药最大残留限量》（GB 2763—2012）］内，则对人体健康的影响相对较小。

当然，我们在选择茶叶时，尽可能选择茶园管理规范的基地，水土经检测无重金属污染，病虫害管理采取物理灭虫法。食品安全首先是原料的安全，这也是我们对自己健康应负的责任。好原料、好工艺的茶，也能更好地与爱茶人分享。

清·叶芳林、方士庶《九日行庵文宴图》（局部）

人间第一茶

白瓷紫砂盖碗茶

　　散茶冲泡也直接导致了明代文人对茶器审美的改变。唐代茶碗，宋代茶盏逐渐退出历史舞台，白瓷茶杯、紫砂壶、盖碗日渐兴起，兼具实用与美观，成为当时人们最主要的泡茶用具，沿用至今。

弃黑盏、尚白釉

　　泡茶法使绿茶茶汤保持了本身黄绿的颜色，不会像宋代斗茶时那样产生大量白色泡沫，人们也因此对茶汤颜色欣赏的角度从宋代的白色转变为黄绿色，随之带来明代茶具鉴赏的重大变化，即"弃黑盏、尚白釉"。宣德年间（1426—1435）所造白瓷因更能衬托茶汤色而广为流行。

　　"宣庙时有茶盏，料精式雅，质厚难冷，莹白如玉，可试茶色，最为要用。蔡君谟取建盏，其色绀黑，似不宜用。（明·屠隆《考槃余事 茶笺》）

明·永乐 甜白釉印云龙纹碗

清·紫砂"邵元祥制"款壶

壶体型较大，底部有火烧烟熏痕迹，并有修补锔痕，可见此器应为日常煮水或煮茶用具。明清时期用于直接煮水的煮茶大壶同样存在，这与明代画作中表现的一致。

明·仇英《竹院品古图页》（局部）
从画中茶器可见为明代煮茶法

紫砂新罐买宜兴

散茶瀹泡法流行开来后，直接在壶中泡饮的方式逐渐被人们接受，茶壶迅速登顶茶具历史舞台，特别是江苏宜兴紫砂壶，自明代中期问世，即以独特材质和艺术风格受到世人的大力追捧。

茶壶：以砂者为上。盖既不夺香，又无熟汤气。（明·文震亨《长物志》）

宜兴紫砂壶的本真之趣刚好契合了人们追求茶本身的自然之性。紫砂壶造型多样，古朴实用，长期使用壶体愈发光润，与人们的精神需求相和。当时的制壶名家主要有龚春（约1506—1566）、时大彬（约1573—1648）、惠孟臣（大约生活在明天启至清康熙年间）等。

紫砂壶可耐冷热急变，用紫砂壶泡茶，聚香、保温效果好，传热慢不烫手，透气而不渗水，所谓冬天泡茶茶不凉，夏天泡茶茶不馊。

明·万历 紫砂"甲辰春日时大彬制"款六方茶壶

往时龚春茶壶，近日时彬所制，大为时人宝，惜盖皆以粗砂制之，正取砂无土气耳。（明·许次纾《茶疏》）

从盏托到盖碗

盖碗又被称作"三才碗""三才杯"，盖为"天"，碗为"人"，托为"地"，象征"天""地""人"三才，寓意"天地人和"。盖碗在明代普遍使用，不仅功能上更为便捷，也是中国传统"天人合一"思想的体现。

盖碗的前身盏托，相传是在唐德宗建中年间（780—783），蜀相崔宁之女在成都发明的。崔女觉得茶杯没有衬底，常常容易烫着手指，于是用碟子来承托茶杯。为了防止喝茶时杯子倾倒，她又设法用蜡将杯子固定在碟子中间，既便于端拿，也不容易烫伤手指，还使得奉茶之间的"递"与"接"更具敬意，因而广为流行。

明代在盏托的基础上，又为茶碗加了"盖"。这也是泡茶法带来的器物的演变。

泡茶时，茶叶和茶汤皆在茶碗中，喝茶时常喝进茶叶，盖的产生，恰到好处地解决了饮茶时茶叶流出的问题。且盖碗可以弥补用茶盏饮茶时茶汤易冷、易落尘的缺点，使得茶汤保温效果提升、避免落入灰尘。

清·佚名《十二美人图》

始建中，蜀相崔宁之女以茶杯无衬，病其熨指，取楪子承之。既啜而杯倾，乃以蜡环楪子之央，其杯遂定，即命匠以漆环代蜡，进于蜀相。蜀相奇之，为制名而话于宾亲，人人为便，用于代。是后，传者更环其底，愈新其制以至百状焉。（唐·李匡文《资暇集》）

早期的盖碗有两种形制：一是盖的口径大于茶碗的口径，盖覆于碗上，称为"天地盖式"；二是盖的口径小于茶碗的口径，盖为"内嵌式"，盖的整体部分扣于碗内。

清·康熙 青花海水纹盖碗，属于"天地盖式"

如今，我们常用的"内嵌式"盖碗的盖子不易滑落，且喝茶时不必揭盖，只需用手指拈着盖纽使盖半张半合，茶叶既不会入口，茶汤又可徐徐流出，避免了用壶泡茶壶嘴易堵之烦，在洗茶时亦可用此法。内置的茶盖还可以调节茶汤的浓淡，茶盖在水面轻刮，茶汤上下翻滚，轻刮则淡，重刮则浓。

此外，盖碗的碗较之前也更深，容量更大，碗口更宽大（口大腹小），便于泡茶时茶叶沉底且注水时茶叶能随水翻腾，茶味浸出。

盖碗既可以作为冲泡器物，也可以作为品茶器物。用盖碗喝茶，有茶托防烫手，有茶盖可保温，茶叶既不入口，茶汤又可徐徐流出。托起茶碗，向着嘴边斜扣或半扣，便可从茶碗与茶盖缝隙间慢慢啜吸茶水，饮姿优雅惬意，颇有派头，又可体察天地，意味悠长。

难怪乾隆皇帝也要说：君不可一日无茶也！

总之，盖碗的发展，大抵是唐代随着茶的普及而有了饮茶的专用碗/盏，随之又发明了盏托，宋元沿袭之，至明清，开始配以盏盖，真正形成了一盏（碗）、一盖和一托碟式的三合一的盖碗。自清康熙后，盖碗形制、规格、花色愈发丰富多样，成为茶事活动的又一亮点，传演至今。

应是人间第一茶

一茶难求

受产量和地域条件的限制，好的蒙山茶一茶难求，明代文人也纷纷流露出对蒙山茶旧时辉煌的向往。

茶之产于天下多矣，若剑南有蒙顶石花，湖州有顾渚紫笋……其名皆著，品第之，则石花最上，紫笋次之……惜皆不可致耳。（明·钱椿年、顾元庆《茶谱 茶品》）

当时甚至出现了山东青州蒙阴县蒙山地衣茶与西蜀蒙山茶混淆视听的情形。不少文人还专门作文说明二者之间的区别：古人谈起茶的时候，首先推崇的就是蒙顶茶！地衣茶味苦性凉，怎么能与温而主疾的蒙顶茶相提并论呢。

蜀蒙山顶茶，多不能数斤，极重于唐，以为仙品。今之蒙茶乃青州蒙阴山产石上，若地衣，然味苦而性凉，亦不难得也。（明·顾起元《说略 卷二十五》）

古今论茶，必首蒙顶，蒙顶山，蜀雅州山也，往常产，今不复有，即有之，彼中夷人专之，不复出山，蜀中尚不得，何能至

明·文徵明《品茶图轴》（局部）

中原江南也。今人囊盛如石耳，来自山东者，乃蒙阴山石苔，全无茶气……茶必木生，石衣得为茶乎？（明·许次纾《茶疏 辨讹》）

蒙山风味佳

景泰三年（1452），大将王越奉命巡按四川，来到蒙山饮茶，留下了"若教陆羽持公论，应是人间第一茶"的赞叹。王越是明代成化、弘治时期，西北著名的军事统帅，他曾经三次出塞收复河套地区，战功赫赫。

闻道蒙山风味佳，洞天深处饱烟霞。
冰绡剪碎先春叶，石髓香粘绝品花。
蟹眼不须煎活水，酪奴何敢问新芽。
若教陆羽持公论，应是人间第一茶。

明·王越《蒙山白云岩茶》

曾有人将王越误读为"黎阳王"，以为是唐朝的某位王爷。这其实是对古人的名号未加断句导致的。王越是大名府浚县人，即今天的河南省浚县，而浚县古名黎阳，汉高祖曾在此设黎阳县，王越后来被追赠太傅，黎阳又是其籍贯的古称，所以王越的著作一般称《黎阳王太傅诗文集》，可见黎阳王太傅，是王越的籍贯加官名，并不存在什么黎阳王的说法。

王越的这次蒙山品茶，正逢蒙山茶工艺创制的高峰期，一杯新芽，多少变迁，多少感慨，当年不堪与酪作奴的茶，如今早已是焕然一新，假若陆羽在世，能一品这上等的蒙山茶，不知又会有怎样的惊喜呢？

茉莉花茶

古人讲：茉莉熏茶及烹茶尤香。茶拒绝了一切有香味的事物，却唯独与花相得益彰。自唐代起，可见引花入茶的端倪，当时人们将桂花卤汁加入茶中，叫"越瓯犀液发茶香"；南宋以后，随着人们对"芳味"的推崇，茉莉逐渐从香花中脱颖而出，开启了与茶的邂逅。从明代"隔离熏香"到如今"窨花拌和"，转眼千年。

茉莉，莫离，花开时节莫离茶。

茶叶分类：再加工花茶

加工工艺：传统"窨花"工艺，以明前蒸青绿茶茶坯，辅以犍为茉莉鲜花，经多次窨制而成。主要工序为：窨花拌和—通花散热—起花—复火—提花等。

原料等级：独芽、一芽一叶初展

品质特征：内含物质丰富，汤色淡黄明亮，滋味鲜爽回甘，花香鲜灵、持久高长。

外形：紧直挺秀，白毫密批

汤色：黄绿明亮

滋味：花香馥郁，鲜爽回甘

香气：毫香带花香，持久高长

叶底：黄绿明亮，匀整鲜活

贮存条件：密封、冷藏、清洁、干燥、避光、防异味。

冲泡建议：

茶水比3克：150毫升；水温85～90℃；冲泡时间15～30秒，建议纯净水冲泡，可根据口感适当增减冲泡时间或投茶量。

沸水温杯后，可将茶投入杯中轻轻摇动，感受早春花茶独特的香气。

「兰花茶」

兰香幽远，君子高洁，早在唐代，人们已有了引花入茶的习俗；入宋以来，随着人们对"芳味"的推崇，茶与花的结合成为风尚："既加臭味，亦厚宾客。"传演至今。1997年，四川省芦山县苗溪茶厂茶叶科学研究所主持承担司法部重点科研课题"兰花花茶研制"，于茶中再现兰之芬芳清雅。

茶叶分类：再加工花茶

加工工艺：传统"窨花"工艺，以春茶雪芽茶坯，辅以春花剑兰，经多次窨制而成，最后将花全部拣出，茶引花香，工艺繁复，是四川稀有茶品。

原料等级：独芽、一芽一叶初展

品质特征：内含物质丰富，汤色淡黄明亮，滋味鲜爽回甘，毫香、兰香持久高长。

外形：紧细壮实，白毫密批

汤色：黄绿明亮

滋味：花香馥郁，鲜爽回甘

香气：毫香带花香，持久高长

叶底：黄绿明亮，匀整鲜活

贮存条件：密封、冷藏、清洁、干燥、避光、防异味。

冲泡建议：

茶水比3克∶150毫升；水温85～90℃；冲泡时间15～30秒，建议纯净水冲泡，可根据口感适当增减冲泡时间或投茶量。

沸水温杯后，可将茶投入杯中轻轻摇动，感受早春花茶独特的香气。

「雅安红茶」

雅安红茶，自明代红茶发展后兴起，20世纪50年代初主要用于出口。

茶叶分类： 全发酵红茶

加工工艺： 委凋 — 揉捻 — 发酵 — 干燥

原料等级： 一芽一、二叶

品质特征： 以川茶群体种所制红茶，内含物质丰富，滋味鲜醇回甘，带花果香，甜香、蜜香持久高长。

外形： 乌润紧卷，有锋苗

汤色： 红黄明亮

滋味： 鲜醇甘活

香气： 鲜甜持久，带花果香

叶底： 匀整红亮

贮存条件： 密封、冷藏、清洁、干燥、避光、防异味

冲泡建议：

茶水比3克：150毫升；水温90～100℃；冲泡时间15～30秒，建议纯净水冲泡，可根据口感适当增减冲泡时间或投茶量。

沸水温杯后，可将茶投入杯中轻轻摇动，感受红茶独特的香气。

六大茶类的内在关联

　　明代以前，没有茶叶分类的概念，唐宋饼茶加工都是蒸后捣碎拍压制饼，原理大体相似，所以当时的茶大致是介于今天的绿茶到黑茶之间的状态。当然，白茶这一类保留传统制药方法的茶类也是古已有之。

　　明代以来，炒青工艺的发展使得现代意义的绿茶工艺越发成熟，在绿茶基础上，开始有了利用湿热闷黄作用制作的黄茶，又发展出了摇青与焙火结合的武夷岩茶，随着红茶的出现，融合红茶和绿茶制法的铁观音逐渐形成。

　　那么，人们常说的六大茶类内在物质的变化逻辑是什么呢？

　　六大茶类，是根据茶叶制作方法和茶多酚氧化（俗称发酵）程度的不同划分的，茶多酚氧化有两条主要途径：

　　1.非酶促氧化（绿、黄、黑）：绿茶通过杀青不发酵，黄茶在绿茶基础上经湿热闷黄微发酵，黑茶则继续在湿热条件下渥堆（同时伴有胞外酶氧化作用）达到后发酵。

　　2.酶促氧化（白、青、红）：白茶经自然萎凋微发酵，青茶经做青半发酵，红茶达到全发酵。（注，青茶不是白茶和红茶的中间过程，而是综合了绿茶杀青和红茶酶促氧化工艺后达到的半发酵状态。）

　　由此，造就了六大茶类截然不同的品质特征和功效。在六大茶类的基础上加以窨花，形成了再加工花茶。

明·成化 斗彩缠枝莲纹罐

六大茶类汤色对比图

1、非酶促氧化（绿、黄、黑）

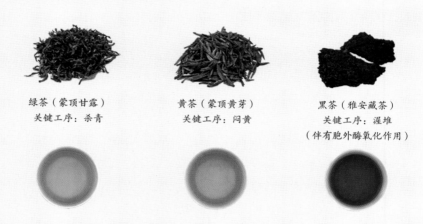

绿茶（蒙顶甘露）
关键工序：杀青

黄茶（蒙顶黄芽）
关键工序：闷黄

黑茶（雅安藏茶）
关键工序：渥堆
（伴有胞外酶氧化作用）

2、酶促氧化（白、青、红）

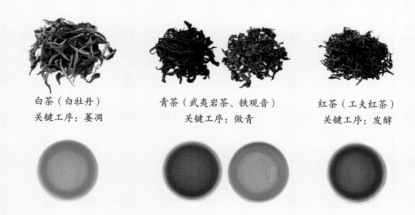

白茶（白牡丹）
关键工序：萎凋

青茶（武夷岩茶、铁观音）
关键工序：做青

红茶（工夫红茶）
关键工序：发酵

2023年4月，我国六大茶叶分类体系正式上升为国际标准：ISO 20715:2023《茶叶分类》，这是我国在茶叶标准国际化领域取得的具有里程碑意义的成果。

"裹叶"黄茶

露芽三百题封遍

昨读香山贡桔诗，今当蒙顶贡茶时，
露芽三百题封遍，云路千重传骑弛，
五载浮沉在西蜀，一般疏贱远丹墀，
柏梁台上诸培从，病渴相如有所思。

清·赵懿《恭捡贡茶》

　　清代贡茶范围远超前代，主要涵盖了全国13省产茶区，茶业进入鼎盛时期。乾隆时期（1736—1795）贡茶品类达70余种。

　　清代贡茶未设官贡，全依土贡及节日等临时性进贡，也会根据皇帝所好择茶入贡。如康熙皇帝喜好碧螺春，乾隆皇帝对于浙皖交界之老竹岭所产徽茶情有独钟，赐名"大方"，又为西湖封御茶树等。

主要指：四川、福建、安徽、浙江、江西、贵州、云南、湖南、江苏、湖北、广东、陕西、山东。

宋元时期贡茶均出自北苑的皇家茶园，明代仍以建茶为主，但范围已从福建逐步扩展到福建、浙江、南直隶（今安徽、江苏等地）、江西、湖广等五省。

仙茶得名

清代中期，出现了以蒙山"仙茶"为首的五种御用贡茶（其余四种分别为陪茶、菱角湾茶、春茗茶、观音茶），这也是蒙山茶自唐代"号为第一"以来又一次进贡的盛况。

就连遍尝天下好茶，号称"君不可一日无茶"的乾隆皇帝也忍不住感慨："石铛聊复煮蒙山，清兴未与当年别。"（清·弘历《烹雪叠旧作韵清》）

清·佚名《弘历观月图轴》

此图以康熙时期冷枚绘《赏月图》为范本，于画面右侧加绘茶架。画中乾隆皇帝作汉族士人装扮，赏月、饮茶。童子手捧朱漆茶盘，上置青花盖碗。旁侧的双层斑竹茶架中盛放有各类茶具。

蒙顶山皇茶园

引自《名山县志（清光绪版）》

清初，雅安战乱频发，良田荒芜，人口锐减。"蔡蒙半岭多羌妇，负草担茶下夕阳"（清·曹抡彬《雅州府志》），是当时蒙山真实的写照。

仅雅安一地，从崇祯十五年（1642）起，到顺治十八年（1661），战乱长达19年之久，绝大多数农民纷纷参加起义队伍或者逃亡。

直到康熙雍正时期，"湖广填四川"的实行，才使得四川人口逐渐恢复，又到了乾隆十四年（1749），四川茶叶业生产才得以恢复和发展，也才有了后来清代中期蒙山仙茶入贡的盛况。

清代蒙山茶何以称为"仙茶"呢？

"仙茶"之名早在雍正十二年（1734）沈廉《退笔录》中就有所提及：仙茶每年采送各上台，储以银盒，亦不过钱许，其秒如此。

后来，光绪年间名山知县赵懿在《蒙顶茶说》（见《名山县志（清光绪版）》）中解释到：

其茶，叶细而长，味甘而清，色黄而碧，酌杯中香云蒙覆其上，凝结不散。以其异，谓曰仙茶。

这与宋人提到的：蒙山茶生长时，常常有云雾覆盖在其上方，似乎是得到神灵的庇护，"云雾覆其上，若有神物护持之"（《东斋记事》），有异曲同工之妙。

茶在云端，云在茶间，产茶时节，伴有祥瑞云影出现，"常有瑞云及现相影现"（《方舆胜览》），以"云"联想到"神"，而神护佑着茶，"仙"的寓意自在其中了。

可以说清代蒙山"仙茶"的定名，与其独特的生长环境、优质的品质相得益彰。

此外，清代还有"雾钟茶"："城东北三十里香花崖下所产。树大合抱，老干盘屈，枝叶秀茂。父老皆言：'康熙初，罗登应手植也。'叶较别茶粗厚，斟入杯中，云雾蒙结不散，因名。"（《名山县志（清光绪版）》卷八）亦可见其云雾蒙结，这也是蒙山整个生态环境的特点。

清·蒙山"仙茶"

从前至后依次为菱角湾茶（银瓶）、陪茶（银瓶）、青城芽茶（锡罐）、灌县细茶（锡罐）。

银瓶贡茶

因仙茶产量有限，又专用于祭祀天地祖先，其地位非同一般，故采用最显珍贵的银瓶进行包装，这在清代贡茶中可谓独一无二。

清代所有贡茶中采用银瓶包装的，也只有四川这五种茶品，即仙茶、陪茶、菱角湾茶、观音茶、春茗茶。其中以仙茶为首，余下四种茶专为补仙茶使用不足，所以包装才一如仙茶。

此五种茶包装式样分为长方盒、圆瓶两种，每两瓶茶叶同入一木制匣中。包装匣通体以木为心，内外以明黄色布或黄绫包裹。匣内有与茶罐尺寸相合的卧槽，外仍有与茶罐相吻合的凹槽板，最外设可抽拉的盒盖。当提拉最外的前脸抽拉盖，再将槽板掀起，两瓶银制茶叶罐就显露出来，匣外顶部设提手。匣盖外墨书该茶的名称。

如今故宫博物院馆藏的茶叶实物中，尤可见此五种茶银瓶包装尺寸、式样，与《蒙顶茶说》（见《名山县志（清光绪版）》）的描述完全吻合。

银瓶里的仙茶

蜀茶蒙顶最珍重

蜀茶蒙顶最珍重，三百六十瓣充贡。
银瓶价领布政司，礼事虔将郊庙用。
旗枪初报谷雨前，县官洁祀当春仲。
正茶七株副者三，旋摘轻烘速驰送。
仙人手植东京前，后来化身入蒙泉。
古风古雨饱嘘吮，高三尺寿二千年。
朱阑环之锁纽贯，县官来时一开看。
我于茶品太疏略，喜陟高山到天半。
夹江昨读酒官碑，名山令谒甘露师。
敢云饮啜事琐琐，民生国典相纲维。
榷酤源流有通塞，当官桑孔要深思。

清·何绍基《名山蒙顶贡茶赋示陈新盘明府》

清代"仙茶"叶底

清代茶叶制作更加精细化，经过长期的观察与积累，人们开始主动利用茶叶中水分、温度、生物酶等在加工过程中的变化，形成了现代意义上的茶叶分类。

在清代蒙山仙茶的制作中，已可见现代黄茶工艺的雏形。

晚清著名书法家何绍基，曾出任四川学政，也因此见证了蒙山茶发展的又一次高峰，他在诗中对蒙山茶"仙茶"采摘标准、制作工艺、进贡品类、护送过程都进行了详细的描述。与赵懿在《蒙顶茶说》（见《名山县志》）中的记录相互印证。

物產一

知縣事遵義趙　懿纂輯

貢茶

趙懿蒙頂茶說名山之茶美於蒙蒙頂又美之
上清峯茶園七株又美之世傳甘露慧禪師手所植
也二千年不枯不長其茶葉細而長味甘而清色黃
而碧酌中香雲蒙冪其上凝結不散以其異謂日
仙茶每歲採
貢三百三十五葉

天子郊
天發祀

太廟用之園以外產者曰陪茶相去十數武菱角峯下曰菱
角灣茶其葉皆較厚大而其本亦較高歲以四月之
吉蒙頂命僧會司領摘茶僧十二人入園官親督而
摘之靈茶只摘其嫩芽籠歸山牛智矩寺乃剪裁薙細及
蠲餘每芽只摘取一葉先火而焙之焙用新釜燃猛
火以紙裹葉熱釜中候半蔫出而焙之諸僧園坐一
案復一一開所採勻攤紙上彌於釜口烘令乾又精
揀其青潤完潔者為正片
背焦黃稍嫩則黯黑此皆剔為餘茶　貢品再
起茶箔中採令成顆復疏而焙之曰顆子茶以充

副貢並獻大吏不足即漫山產者充之每　貢仙茶
正片䚑兩銀瓶瓶製方高四寸二分寬四寸陪茶雨
銀瓶菱角灣茶兩銀瓶瓶製圓如花瓶式顆子茶大
小十八錫瓶皆盛以木箱黃絹丹印封之臨發縣官
卜吉朝服叩
闕選吏解進赴布政使司投貢房經過州縣謹護送之其
慎重如此相傳仙茶民間不可淪飲一盞吏輒飲之
被震雷擊死私往攬者山有白虎巡邏以故樵牧不
敢擅入官採時難亢陽亦必雲雨懿驗之果然此山
之靈畢與抑亦
天家玉食之重也

華陽國志南安武陽多出名茶〔元和郡縣志蒙山
每歲貢茶為蜀之最〔殷成式錦里新聞蒙頂山有
雷鳴茶雷鳴時乃苗孚肇國史補劍南有蒙頂石
花湖州有顧渚紫笋蘇庼本草雅州之蒙頂石
花露芽穀芽為第一葉清臣述煮茶小品蒙頂傳
於岷蜀陸樹聲茶寮記雅州蒙頂上有火前茶謂
禁火以前採者後者謂之火後茶〔雍經蜀雅州蒙
頂茶受陽氣全故芳香其生最晚在春夏之交方
茶生常有雲霧覆其上若有神物護持之唐李德
裕入蜀得蒙餅以沃於湯瓶之上移時盡化以驗
□□□頂又有五花茶其片作五出蒙山白雲巖

《名山縣志（清光緒版）》中收錄的《蒙頂茶說》

仙茶采制

清代中期，蒙顶已成为赫赫有名的皇家茶园，山顶茶园之外又圈以石栏，以白虎巡守，防止人们私自采携。相传有一小吏，因窃饮"仙茶"，被震雷击死。

每年春末，采摘蒙山"仙茶"，"四月之吉祷采"。这与蒙山海拔高，湿度大，茶叶生长缓慢，萌发较迟有关，也是高山茶的普遍特征。

至于采摘标准，就更为讲究了，主要为独芽及一芽一叶，且一年只采335叶，采时指派僧人12人入园，由地方官亲自监督，可谓精挑细选："尽摘其嫩芽……每芽只拣取一叶。"

采摘后的鲜叶，先用火轻焙，随后用纸将茶叶包裹放入锅中稍闷，再进行揉捻，最后放在纸上置于锅口烘干，挑选其中润泽完整的作为正贡茶，并盛放在特制的银瓶中，再用木箱黄布包裹，印章封口，由当地县官占卜吉时，正装朝拜，派遣专人护送入京，直至安然无恙地进呈皇宫，以供朝廷大祭之用，"旋摘轻烘速驰送"，十分严谨庄重。

仙茶制作工艺中提到的"以纸包裹茶叶""放入锅中闷""放在纸上烘干"等步骤，都可见现代黄茶工艺的雏形。在当时的技术条件下，茶叶在一定的含水量下加温热烘，茶多酚在湿热作用下发生了一定程度的非酶促氧化，加上仙茶叶细长、味道甘爽、颜色微黄的特点（味甘而清，色黄而碧），可以推测，清代著名的仙茶，也是如今"蒙顶黄芽"的前身，与蒙顶黄芽渊源匪浅。

光绪十六年（1890）起，赵懿始两任名山知县，他亲自参与并规范贡茶采摘、制作、包装、运输等，并详尽记入《名山县志（清光绪版）》，为后人研究蒙顶贡茶提供了宝贵资料，对蒙顶山茶文化的贡献功不可没。

18世纪茶叶生成及贸易图两册（下）

分赐群臣

乾隆皇帝在位期间，常有以仙茶为首的五茶品的赏赐活动。

据清宫档案中记载：乾隆五十六年（1791）二月初三日，总管杜国选等恭议，将乾隆二十五年（1760）至五十六年二月所有库存（蒙山）银瓶茶410瓶，用方盘摆毕，安（放）在养心殿东暖阁，呈上览过，奉旨：

> 赏妃嫔公主等大小银瓶茶九十六瓶；赏阿哥等银瓶茶一百四十三瓶；赏阿桂、和珅……每人蒙顶仙茶六瓶；乾清宫总管六人，每人春茗茶一瓶；圆明园总管五人，每人春茗茶一瓶；膳房总管一人，春茗茶一银瓶；热河总管一人，春茗茶一银瓶；御茶坊房大首领一人，每人春茗茶一银瓶。

仙茶等五茶品，往往由于在茶房留用一段时间后，再转送茶库继续保管，年复一年使得该类茶达到可观的数量。甚至还出现了"陈蒙茶"（与蒙山茶相似度极高，据推测为陈放的"蒙山茶"），与清代宫廷"贵新贱陈"的风气相悖，可见蒙山茶在皇家心中的地位。

蒙顶黄芽的品质特征

从唐代的"蒙顶石花"到清代的蒙山"仙茶"，从蒸青饼茶"蒸罢热捣""贮糖煨火"等无意识的黄变以及炒青绿茶工艺中"不扇色黄"的经验，到有意识地利用"湿热闷黄"。黄茶，是绿茶到黑茶的"中间状态"，是六大茶类绕不开的品类。

黄茶的加工工序简单来说是：杀青—闷黄—干燥，比绿茶多了"闷黄"这一步，形成了黄茶特有的"黄叶黄汤"的品质特征。"黄叶"指的是冲泡后的叶底黄亮，"黄汤"指的是茶汤淡黄明亮，这与绿茶长时间存放导致品质下降的"暗黄"有着非常明显的区别。

从现代科学上来看，经过"湿热闷黄"后，茶中鲜爽味的氨基酸含量上升，涩味的茶多酚含量下降，酚氨比降低，可溶性糖含量上升，相比于绿茶而言，黄茶的滋味更加鲜醇不刺激，且带有明显的甜味。据测定，蒙顶黄芽共检测出69种香气组分，19种游离氨基酸。

不愠不火，恰如君子。

怎么闷，用什么方法，闷几次，每次闷到什么程度，却是个非常考究的过程。

尤其第一次闷黄过程，如果茶叶温度低或者湿度不够，则很难通过其他补救方式达到黄茶最佳的"甜醇"品质。

这就像一个抛物线的高点，少一分，多一分，总不尽如人意。

闷黄程度不够，味似绿茶而不如绿茶，闷黄程度过度，则茶味淡薄，叶色发黑。

所以，黄茶工艺可以说是复杂而多变的，对制茶理论和实践都有着极高的要求。这也是为什么黄茶自古稀少而珍贵的原因。

绿茶陈茶　蒙顶甘露（绿茶）　蒙顶黄芽

其道皆由雅州入

明代，茶马贸易从易马治边开始走向边贸。雅安的碉门（今四川天全）、黎州（今四川汉源），是明代茶马贸易最重要的区域。雅州的"乌茶"也成为朝廷牵制、笼络藏区僧俗首领的主要物品，由此形成了以"朝贡互市"为代表的明代茶马贸易，"川藏茶马古道"也因此开通，为清代"南路边茶"的兴盛奠定了良好的基础。

茶路通藏

永乐中期后，以"朝贡互市"为主的政治外交，成为了明代茶马贸易最主要的特点：即西藏诸王和土司入京朝贡，既表现了对明王朝的恭顺臣服，还会得到茶叶等"回赐"。

或三年或五年一朝贡，其道皆由雅州入。（《明史 卷三百十一 四川土司》）

开通川藏两地的茶路，尤为必要。

于是，明成祖永乐年间（1403—1424），乌思藏僧阐化王（其王住地在拉萨以南乃东）遣使入贡，开始与明朝合作修通从雅州到乌思藏的驿路。永乐十二年（1414），道路毕通，川藏茶马古道成为边茶贸易的主干道，雅安边茶销量大增。

从永乐五年至十二年（1407—1414）间，明朝政府与阐化王合作修通了从雅州到乌思藏（即卫藏，中藏，唐韦吐蕃）的驿路，除去以前由甘肃到乌思藏的旧有道路外，又开辟了一条新的捷径。从此，西藏地方与内地联系更加密切了。（翦伯赞《中国史纲要》）

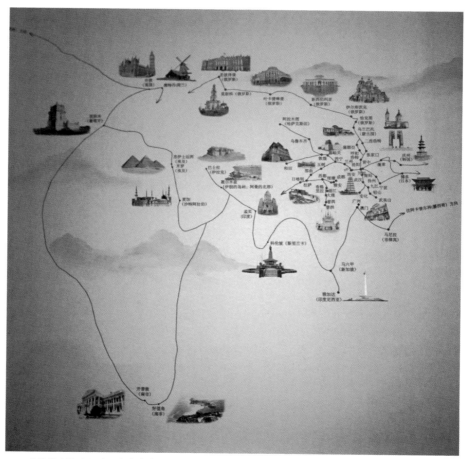

　　川藏茶路修通之前，雅安茶多沿松茂古道（今都江堰至松潘、茂县）、川甘道（松潘至甘肃南）、川青道（松潘至青海，又称回鹘道），以及“唐蕃古道”等与吐蕃、回纥等交换，川藏茶路自明代开通，茶叶入藏距离大大缩短。此外，自明代以来，茶叶贸易大大发展，除了横贯东西的“丝绸之路”“海上丝绸之路”等，还有南起福建武夷山北至俄罗斯的“万里茶道”等，形成了一张以中国为核心的世界茶网。

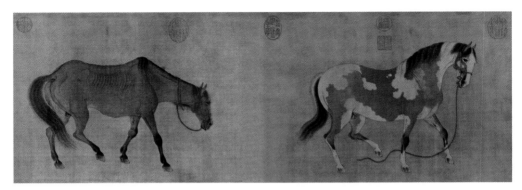

元·任仁发《二马图》（局部）

为了进一步控边，天顺二年（1458），明政府又令"今后乌斯藏地方该赏食茶，于碉门茶马司支给"（明·林尧俞《礼部志稿 卷九十》）。于是，藏方官员等一切相关入京，由青藏路改为川藏路。川藏路虽路途崎岖，行路延长，却有利于朝廷把握边关动向，也促进了川藏茶马古道的繁荣。

成化三年（1467）朝廷进一步明确"命进贡番僧自乌斯藏来者皆由四川，不得径赴洮岷著为例"（清·《钦定续文献通考 卷二十九》）。自此，穿越康区的川藏道开始成为入藏正驿。成化六年（1470），朝廷再次重申乌思藏赞善、阐教、阐化、辅教四王朝贡须"由四川路入"（明·林尧俞《礼部志稿 卷九十》）的规定。

自此，川藏道成为入藏正驿，兼贡道、官道为一体，是藏区僧俗官员入内地的正道，也是茶叶输藏的主要通道。四川不仅成了边茶的主要产地，而且成了茶马互市的主要贸易区，形成了黎、雅、碉门、岩州（今四川芦山）、松潘五大茶市。雅安黑茶，也与藏区人民结下了不解之缘。

南路边茶

　　清代统治者来自北方游牧民族，故而少有战马之忧。"改土归流"是清政府加强和巩固对西南少数民族地区控制的重要措施，而茶叶是"改土归流"中最主要的安抚物资。

清代贡茶邛州砖茶
产自今四川邛崃

　　于是，清政府对茶叶贸易制度进行了一系列的改革。特别是"引岸制"的推行，使得以商业为主的"茶土贸易"日渐兴盛，茶马古道沿途市镇兴起，汉藏贸易愈发繁荣。

　　什么是引岸制呢？

　　清代康熙后期，边疆局势缓和，中央政府对战马的需求下降，而茶叶产量仍在不断增加。雍正十三年（1735），历经数百年的茶马制度全面结束，为保证藏区茶叶的供应，清政府不再对茶施行专营，而鼓励以商业为主的"茶土交易"的展开。

　　随着"茶马贸易"在乾隆时期逐渐萎缩至完全停止，清廷对四川茶叶贸易制度也由政府专卖的"茶引制"改为官商合营的"引岸制"。

　　改土归流的"土"指土司制度，是由汉唐羁縻政策发展而来，在元、明、清三代施行。随着时间推移，地方土司日益做大，朝廷对其行为难以形成有效制约。"改土归流"就是废除西南各少数民族地区的土司制度，改由中央政府委派流官直接进行统治，实行和内地相同的地方行政制度。

　　茶土贸易的"土"指藏区输出的用以换茶的土特产品，包括香料、药材、宝石、玉器、兽皮、羊毛等，不再局限于马匹。

"茶引钊"是"榷茶制"的深化与发展，二者都是北宋以来中央政府为垄断茶叶贸易施行的茶叶专卖制度。不同点在于榷茶由政府直接参与茶叶买卖，而茶引制则是茶商凭"茶引"交税后，按期限到园户处购买茶叶并按规定出售。

"引岸制"的核心仍是在控边前提下的一种商贸活动：茶叶运送到康定，土产运回内地，政府双方收税，市场繁荣，汉藏共利。

"引岸制"将四川茶定为腹引、边引、土引三种专岸。"腹引行内地，边引行边地（藏区），土引行土司"。

边引又分三种：经打箭炉（康定）销往康、卫藏区者，谓之南路边引；经松潘销往川北草原、甘青藏区者谓之西路边引；邛州所产茶谓之邛州边引，主要销往四川各土司地方。

即以邛崃、名山、雅安、天全、荥经等地所产茶，专销康藏地区，产地居成都南边，故名"南路边茶"；以灌县（今都江堰）、崇庆（今崇州）、大邑、平武等地所产之茶行销松潘、理县一带，产地地处成都西边，称"西路边茶"，这就是如今的"藏茶"在清代被称为"南路边茶"的由来。

清光绪 茶引

清代中叶，雅安、天全、荣经、名山专门经营边茶的茶号已发展到
100多家，年加工边茶多达千万斤，官府发到茶商手里的茶引年最
高达10.8万引，以税银来算（1引即1担，折100斤），四川销茶约
1 966.8万斤，云南销茶约86.016万斤，西北共计354.714万斤。

康熙四十一年（1702），清政府在打箭炉（藏语两河汇流处的
商贸集散地或大商埠，即今康定）设立茶关，在大渡河上建泸定桥
（1705），开辟直达打箭炉的"瓦斯沟路"，为方便茶叶运输，清政府
还扩建了从打箭炉到昌都的道路，达三米之宽，称九尺道。从此，雅安
黑茶边销由雅安碉门深入到藏区，打箭炉成为雅安南路边茶总汇地。

从此，雅安边茶通过人背畜驮，源源不断运往藏区各地，清代后期
经打箭炉出关的川茶每年高达1 400万斤及以上。同时，大批的藏区土特
产也由此进入汉地，文化繁荣，城镇兴起。这也是雅安边茶贸易史上最
辉煌的时期。

1954年，川藏公路全线通车时，崇山峻岭间盘桓千年的茶马古道人
力畜力运输时代宣告结束，"南路边茶"从此源源不断地运往西藏。

尾声

时光荏苒，弹指千年，蒙顶山的名茶，从露芽、谷芽、石花、雷鸣、圣杨花、吉祥蕊，到甘露、仙茶，再到黄芽，每一个名字背后，都是一段真实而生动的历史，都凝结着无数知名的不知名的茶人的殷切付出。

作为中国最古老的茶产区，这片土地曾饱经战火，几度民生凋敝，而这里的茶却始终为王侯将相、文人墨客所偏爱。"今宇内为土贡实众……蒙山为上""束帛不能易一斤先春蒙顶""古人论茶，必首蒙顶"，它是世人眼里的"蜀之最""为天下所称""供堂亦未尝得其上者"，皇家宫廷，市井茶肆，雪域高原，都流动着它的身影。

白居易与之"穷通行止常相伴"，刘禹锡为此愿作"眠云跂石人"，这其中，还有苏辙"煎茶旧法出西蜀"的眷恋，有文彦博"旧谱最称蒙顶味"的向往，有陆游"谁赏蒙山紫笋香"的傲骨……

多少人登临山水，千里来寻，渴尝这一碗早春的滋味，多少人为此流连吟咏，感慨"应是人间第一茶"，周秦汉唐，宋元明清，多少回人间变迁，多少人世代守护，蒙山顶上方能有这传承不息的技艺与滋味，而这，也许正是上天对这片灵秀山川的独特眷顾吧。

道不尽的故事，还在继续，蒙山茶的技艺，也在不断推陈出新，那些莫名涌动的感怀，连通着从古至今人们对这山、这茶的深情，都伴随着杯中甘甜的茶汤，一饮而下……

我与黄芽

不知是怎样的牵绊，让我对蒙顶黄芽竟如此情有独钟。

因为茶学专业的缘故，我接触到了蒙顶黄芽，喜欢上了它滋味甘醇，柔和，不苦涩，不刺激，给人以不愠不火，温文尔雅的感觉。

带着好奇与莫名的好感，2012年在福建的一次比赛中，我设计了蒙顶黄芽茶艺《凤求凰》。

谁料想，这偶然的一瞥，便再也挥之不去。求知的冲动与热爱的种子在心中不断萌发。读研时，我放弃了导师推荐的成熟课题——黑茶，鬼使神差地把研究方向确定为黄茶——蒙顶黄芽。

名山老茶人蒋昭义爷爷，见我对黄芽如此着迷，决心助我研究。于是，自2013年春起，雅安名山区大大小小的茶厂、手工作坊，只要是做黄芽的，我们几乎遍访。跑了一圈下来，确实有点晕头转向，别的不说，单就黄芽关键工序"湿热闷黄"而言，实可谓五花八门：怎么闷？是"包闷"还是"堆闷"；"包闷"用什么包？用纸、用布、用箱子？闷多少次？每次闷多长时间？闷黄时茶叶的含水量、温度等，都是众说纷纭，没有标准。相关实验数据也少之又少，可参考的研究方法非常有限。

因为鲜叶成本高，风险大，很多茶厂不愿意做黄芽，或者简单粗暴地将茶叶直接堆黄、炒黄了事，只图外形看上去黄就可以了。

如何结合科学与经验，优化黄茶传统"三炒三闷"（杀青—初闷—摊放—二炒—复闷—摊放—三炒—摊放—烘干）工艺参数，我也着实走了不少弯路。

从无到有的这条路，充满着不确定性。每一个参数背后，都需要通过大量实验来论证。辛苦采摘的茶芽，常常因为闷黄程度掌握不当而毁于一旦。

为了找到好的老川茶原料，在深山，住着20世纪50年代的房子，用着旱厕，不能洗澡，没有信号。然而每日里伴着山间的晨雾，穿进茶丛，听着阵阵鸟语，闻着幽幽兰香，心里总是无比的满足与欢喜。有时候脚下一滑，一上午采摘的茶芽洒落一半，却顾不得地上的火麻草，伸手就捡，一颗也不舍得落下（1斤蒙顶黄芽大概有3万~5万个茶芽）。黄茶制作耗时长，实验处理的正交样多时，常连夜杀青闷黄，300℃的锅温，指尖烫起的泡，早已没有了感觉。

山上做茶，不比实验室条件完善，也缺少设备，蒋爷爷就陪我找木匠做闷黄需要的保温笼，对比传统灶头和实验室烘箱的效果。闷黄到底闷几次，怎么闷，温度、湿度、含水量各种参数，反复校正，本子上记满了各种数据。只要有一个小小失误，就得全部重来。

春茶采摘

鲜叶　　　　杀青叶

初闷叶　　　二青叶

复闷叶　　　三青叶

三闷叶　　　理条叶

蒙顶黄芽加工过程中茶鲜叶叶色的变化

看起来像是在自讨苦吃，可我一想到黄茶就无比兴奋，也不觉得辛苦。偶有闲暇，四下巡山，看风云变幻，云起云收，诌几句诗词，扯一把野菜，晚来在山间小亭，堆火烤个土豆，或是与蒋爷爷种豆、联诗，寻访古老茶路、前人遗迹，倒也怡然自乐。

一路走来，太多的感动，太多的陪伴，我的导师齐桂年教授、蒋爷爷、企业主、茶农、制茶师傅、老师同学朋友，或为我指点迷津、或供我食宿、或提供原料设备支持，或帮我生火杀青，或与我一同绞尽脑汁，上下求索，分享着一点一滴的经验与教训。

好茶不易，做茶最讲究"天时地利人和"，天气、茶叶采摘时间、茶园生态环境、茶树品种等以及工艺流程的每一个细节，任何一个参数的细微变化，都牵一发动全身，影响着最后呈现的效果。

开始纯粹的兴奋与热情，也在不断的重复与失败中化为理性与分析。当做茶成了实验，成了研究，就严肃了许多，虽看似少了些趣味、少了些个性与随意，但也正因这个严谨的过程，带来了进一步的思考、探索与总结，不论结果如何，我知道问题出在哪里，也就有了"原来如此"的底气。

终于，还记得是2015年4月8日，闻着茶叶烘干后浓浓的甜香，急忙冲水润茶，一股蜂蜜的香气窜入鼻中，茶汤不再只是单一的醇和，而是像糖水一样，甘甜醇厚，我欣喜若狂，或许这真的是黄芽本来的风采吧。带回实验室一测定，也的确是此次试验中，酚氨比最低，含糖量最高的茶样。

既然黄茶工艺如此复杂，那么蒙顶黄芽又是怎么名扬千古，流传下来的呢？于是，我遍翻茶书、县志、地理志，只为寻找蛛丝马迹，并从2014年起连载了《茶话蒙山》《诗话蒙山》等系列考证文章，也有了这本书的雏形。

在本书中，我已将自己对黄茶历史工艺的探究分享给大家，这里简单总结一下。

唐宋时期，茶叶主要加工成团饼状。从饼茶制作、存放、品饮的方式来看，无论是茶叶蒸青后趁热捣碎，还是加水研磨，焙火存放，饮茶前烤茶的动作，均会促使茶叶中多酚类物质在湿热作用下发生非酶促氧化，茶色变黄，滋味更加醇和，且在古代无检测设备，又无抽氧充氮装置条件下，能保持"千里运输""其色如故"的茶只能是黄茶或黑茶。

只是古人无现代生物化学意义上"黄茶"的概念，多从外形上定名蒙山茶，其中"蒙顶石花"是最早（825年左右）有确切记载的，最富盛名的蒙山茶名品，可视为如今蒙顶黄芽的肇始。且就蒙顶山而言，黄茶发展早于绿茶。

到了明清，散茶逐渐流行，炒青散茶工艺日渐成熟，人们开始认识到绿茶加工及存放不当会产生"黄变"的现象，此时史料记载的"黄变"之茶为绿茶制造不当的产物，随着人们不断认知与实践，加之绿茶在长途运输的进贡过程中难免吸湿变质，进而探索发展了"闷黄"工艺，开始形成具现代意义的工艺黄茶。在清代蒙山贡茶"仙茶"的制作中，已经可见现代蒙顶黄芽工艺的雏形。

蒙顶黄芽的叶底　　　　　　　　　不同工艺制作的蒙顶黄芽的茶汤

　　黄茶制作程序繁复，成本高昂，又主要供应皇室，故百姓多只闻其名，未见其形，这也是后来蒙顶黄芽技术失传的原因。

　　累日殷勤为所乐，此生一梦付黄芽，曾经的誓言，不变的本心。每一个事物中，都可以窥见一个世界。

表 1　蒙顶黄茶优化后的各工艺及参数

工艺流程	参数
杀青	锅温 300℃，多闷少抖，时间 4min，杀青后立即闷黄
初包	含水量 60%～65%，温度 45～50℃，时间 60min，控制减重率在 10% 以内
二炒	锅温 180℃，时间 3min 左，控制减重率 10%～15%
复包	含水量 55%～60%，温度 45～50℃，时间 50min，控制减重率 10% 以内
三炒	锅温 150℃，时间 3min，控制减重率在 15% 以内
摊放	含水量 30%～35%，时间 24h，视具体闷黄程度而定
四炒	锅温 110℃，时间 5min，控制减重率在 20% 以内
烘干	温度 100℃，时间 40～60min，中间摊晾一次

后来我相继创作了蒙顶黄芽情景主题茶艺《只有香如故》《且将新火试新茶》《但是相思莫相负》，以及情景剧《白泥赤印走风尘》等，希望能让大家感受它甘甜醇和的滋味，它背后的故事与传承。

黄茶不易！

在北京工作时，朋友从蒙顶山寄来第一批黄芽，北国的早春，南方的佳木，故园开焙，思绪漫天，看着朋友圈里人们采茶制茶的视频，看到蒙顶黄芽为越来越多的人所了解与喜爱，心下无比欢喜。

因为黄芽，我创立了"茶事小考"品牌，希望继续以考证、辨析的态度探寻茶事，分享"老百姓喝得起"的好茶，更希望把自古以来，人们通过茶涵养性情的这份美好传承下去，帮助更多的人找回内心的自在与安宁。

对茶的热爱与敬畏，对茶道精神的向往，或许是冥冥之中的使命吧！伴随着这份情感真切的体验，十余载躬耕陇亩，不敢离开。

十年黄芽情

2012年，我在导师齐桂年老师的带领下，参加了江西遂川县狗牯脑茶文化研讨会。

晚饭后，只见一群人围在一起啧啧称赞，原来是一位老先生借用古人诗句为狗牯脑茶题词"应是人间第一茶"。我一时兴起，和了老先生一首打油诗，因此与老先生，也就是蒋爷爷结缘。

蒋爷爷曾经是名山县委干部，参加过抗美援朝。离开部队后，蒋爷爷从老家内江到了雅安，一待就是50多年，参与了蒙顶山茶文化打造的全过程，对名山大大小小的茶厂也都很熟悉。可以说，名山街头五步路内，必有和蒋爷爷打招呼的人。

得知我想要研究黄茶工艺，蒋爷爷非常高兴，说："黄芽历史虽久，但缺乏真正与之匹配的好产品，久而久之，也就淡出了人们的视野。"将黄茶的传统工艺规范化，传播其背后的蒙山茶文化，一直是蒋爷爷的心愿。于是，在蒋爷爷的帮助下，我开始了黄芽研究的旅程。

2012年，与蒋爷爷在蒙山同种豆

2024年，与蒋爷爷在蒙山同品黄芽

那时的我，每天从学校坐公交车到名山找爷爷一起跑茶厂，有时还住在他家。白天去茶厂观摩黄芽加工、做笔记，晚上跟爷爷到菜园里拔菜做饭、讨论工艺、听爷爷讲蒙山茶的故事，生活简单而纯粹。

闲暇时，我和蒋爷爷一起去山上品茶，在茶畦间种下豆苗，去寻找吴理真、魏了翁的遗迹，去看古道背夫走过的马岭大石梯。蒋爷爷像"蜘蛛侠"一样，背着橘子，啃着玉米，跟我一起爬山翻墙，做完茶又和我一起坐茶农的摩托车下山，真真"明月照人归"，活脱脱一个老顽童。

我们一路论茶联诗，种了豆子，便想到待到重阳日，秋风催我回；在智矩寺喝茶，是禅院莫言山外事，要斜阳留照影叠叠；累日殷勤采茶制茶，不觉辛苦，只觉风满蒙山香满衣，要此生一梦付黄芽；漏断人初静时，有茶香花自发。

后来才知道，我和蒋爷爷竟是同月同日同时生辰，缘分真是妙不可言！

一晃十多年过去了，每年春天我依然会回到蒙山和蒋爷爷一起上春山、品黄芽。当年种豆的茶亭，如今已成了网红民宿一景；我们种的豆子，也早已成为茶树的肥料。如今，蒋爷爷已年近90了，可提到蒙山茶，依旧有着说不完的话，使不完的劲。今年见到蒋爷爷，说起本书出版的事，正巧，他手头也有一本关于四川黄茶的资料集准备出版，也许这就是冥冥之中的安排吧！

临别时，蒋爷爷对我说道："那时候真的好开心啊！"是啊，没有蒋爷爷，就没有我与黄芽的故事。

又一个春天来了，在那山间地头，没准儿，你也会与他相遇……

后记

　　一直想为蒙山茶做点什么。因为对传统文化的热爱，我选择了四川农业大学的茶学专业，又因为对茶的热情，我继续读研研究黄茶工艺……青春与蒙山为伴，山里采茶做茶，只因喜欢，不觉辛苦，累日殷勤，愿此生一梦付黄芽。

　　感恩我的母校，让我从此对茶心向往之。

　　因为蒙顶黄芽，我开启了对雅安蒙山茶事的探寻。通过梳理茶史、茶诗，我得以走进蒙山茶的前世今生。我被古人笔下的记叙打动着，也想传递些什么。

　　茶是美好生活的载体，它既是自然科学，更是人文、社会科学；它的底蕴经由历史长河冲刷洗礼，它的魅力打动着无数与之相遇的人。

　　因为工作的机缘，我行走了中国近30个产茶县，也参与了中国茶在世界博览会上亮相的事件。行业一线的工作，让我深度参与了从鲜叶采收、茶叶加工、品控，到产品设计、场景营销、文化传播的整个过程。我也曾在高校任教，分享自己对茶的理解与实践。今后，我也会持续践行茶人修身之道。

　　每年春天，我依然会回到蒙山做茶。我的生命，不断被茶"净化"着。因茶结缘，我认识了很多长辈、老师和朋友。

我的导师齐桂年教授严谨而慈爱，他的"茶学学子首先要能做好一杯茶"的态度深深影响了我。虽然他已经离开了我们，他的教导却始终铭刻在我的一言一行之中。在此，对齐老师表达我深深的怀念。

有为蒙山茶恢复发展付出了一辈子心力的蒋昭义老师，他年近90，说到茶仍然满眼放光，劲头十足。还有为蒙山茶品种选育、茶文化推广奉献毕生的李家光教授，他对蒙山茶多篇考证的文章指引着我的前行。还有许多茶学前辈，他们的气度与品格，如同从古至今感动我的人一样，让我想沿着他们的脚步，去付出、去奉献，去践行自己对茶的热爱。

还要感谢浙江大学王岳飞教授、陈燚方老师在大学生茶艺团期间对我的鼓励和指导。岳飞教授倡导茶学学子背《茶经》的故事让我深受触动。

于是，我结合现代茶科学的知识，梳理蒙山茶的历史发展、工艺演变、品饮传承，希望让更多人了解蒙山茶背后的故事，包括从蒸青饼茶到炒青散茶的制茶工艺的兴衰演替，也包括在沧海桑田，斗转星移中，人们借茶连接天地时怀揣的那份敬畏与深情。

是一个小结，也是一份安心。

当然，这本书呈现为今天的模样，离不开邹小工老师对我的帮助，小工老师以高标准的读者视角，对这本书的内容与形式不断提出建议，她谈起图书制作时满眼的光芒，让我备受鼓舞，激励着我不断修改完善。感谢红梅老师不厌其烦的耐心编排，帮助我呈现出理想的效果，感谢编辑张琪老师的严谨，以及对本书校订付出的心血，都让我不敢懈怠。

感恩一路支持我的父母、亲人，还有帮助鼓励我的师长、朋友和伙伴们。感谢我的先生成为我的第一个读者。也特别感谢为本书提供了图片帮助的张雅斌、李师兄、张荣容、张雅博、李亚军、观合道长、黎绍奎、徐世楠、雷康、刘海遥，以及蒙顶山风景区等，你们的图片为本书增色不少。还要特别感谢为本书题字及手绘的杨卫桥老师，感谢杨老师十余年来对我的支持。

当然，也要感谢未曾谋面的读者对本书的支持与包涵。希望有机会能与你共饮一盏茶，聆听你的建议。

明·仇英《赤壁图卷》（局部）

最后，再跟大家分享一首我很喜欢的诗：苏轼的《汲江煎茶》。

活水还须活火烹，自临钓石取深清。
大瓢贮月归春瓮，小杓分江入夜瓶。
雪乳已翻煎处脚，松风忽作泻时声。
枯肠未易禁三碗，坐听荒城长短更。

写这首诗的时候，苏轼远在海南儋州，距离他的离世，只有最后几年了（公元1101年秋，苏轼于北归途中病逝常州）。这年春天，苏轼说，我又想喝茶了。喝好茶，要用活火（炭之有焰谓活火，炭火煮水，更能保持水的本味），要煎活水。于是，他来到江边，用大瓢将倒映着月亮的江心之水，舀在贮水瓮中，又用小杓将瓮中之水分到汤瓶之中，雪白的乳花浮动之时，恰听到瓶中传来风过松林之声。苏轼说，这第三碗茶，我就不吃了，因为唐代的卢仝说呀，"三碗搜枯肠，唯有文字五千卷"，我是不想再写诗了，所以我不再吃这第三碗了。此时，只听得边荒城里传来长短不一的鼓声……

明明是荒郊野岭，明明是漂泊半生，可是我们看到的，却是字里行间汲江水煎新茶的淡然与从容。想必这便是中国人的精神吧！

参考文献

[1] 李家光,陈书谦.蒙山茶文化说史话典[M].北京:中国文史出版社,2013.

[2] 朱自振,沈冬梅,增勤.中国古代茶书集成[M].上海:上海文化出版社,2010.

[3] 吴觉农.中国地方志茶叶历史资料选辑[M].北京:中国农业出版社,2022.

[4] 吴觉农.茶经述评[M].北京:中国农业出版社,2005.

[5] 方健.中国茶书全集校正[M].郑州:中州古籍出版社,2015.

[6] 陈椽.茶业通史[M].北京:中国农业出版社,2008.

[7] 扬之水.两宋茶事[M].北京:人民美术出版社,2015.

[8] 柯美成.理财通鉴:历代食货志全译[M].北京:中国财政经济出版社,2007.

[9] 钟国林,王云,杨静.蒙顶黄芽[M].北京:中国农业科学技术出版社,2020.

[10] 廖宝秀.历代茶器与茶事[M].北京:故宫出版社,2017.

[11] 万秀锋,刘宝建,王慧等.清代贡茶研究[M].北京:故宫出版社,2014.

[12] 廖宝秀.茶韵茗事——故宫茶话[M].台北:国立故宫博物院,2010.

[13] 王亚民,陈丽华.故宫贡茶图典[M].北京:故宫出版社,2022.

[14] 王岳飞,周继红,陈萍.中国茶文化与茶健康[M].杭州:浙江大学出版社,2023.

[15] 宛晓春.茶叶生物化学(第三版)[M].北京:中国农业出版社,2008.

[16] 安徽农学院.制茶学(第三版)[M].北京:中国农业出版社,2014.

[17] 刘勤晋.茶文化学(第二版)[M].北京:中国农业出版社,2008.

[18] 杨瑞,齐桂年.蒙山黄茶的历史探究[C].昆明:第十六届中国科协年会.2014.

[19] 杨瑞.蒙顶黄茶的研制及加工工艺研究[D].雅安:四川农业大学,2015.

[20] 李福言."茶"字异读及相关问题研究[J].汉字汉语研究,2022(3):78-89.

[21] 薛德炳.茶的原始语音与茶在国内的传播[J].贵州茶叶,2015,43(4):34-36.

[22] 汪启明,谢芳琳.再说蜀茶与古蜀语[J].论语说文,2010(2):56-60.

[23] 周香琴.茶及"茶"字源流考[J].三峡大学学报(人文社会科学版),2009(31):108-109.

[24] 竺济法.湖州出土三国前青瓷"茶"字四系罍的重要意义[J].中国茶业,2015,37(8):41-42.

[25] 张学君.巴蜀香茗与茶文化[J].文史杂志,2016(4):61-68.

[26] 孙洪升.唐宋时期茶叶产地变迁考述[J].清华大学学报（哲学社会科学版,2009,24(4): 154-158+160.

[27] 张利文.唐宋时期的"蒙顶茶"及其诗词题咏[J].湖南农业大学学报（社会科学版）,2013, 14(4):71-76.

[28] 宋時磊.唐代茶文化问题研究[D].武汉:武汉大学,2013.

[29] 何晓芳.唐代茶文化探析——以唐代茶诗为中心的研究[D].南京:南京农业大学,2010.

[30] 陈崇凯.吐蕃女政治家赤玛伦考略[J].青海民族学院学报(社会科学版),1999(1):39-45.

[31] 沈冬梅.论宋代北苑官焙贡茶[J].浙江社会科学,1997(4):98-102.

[32] 张威,王林.北宋建安贡茶历史演变探究——以建安官焙北苑为例[J].科教文汇,2014:95-96.

[33] 闫谨.从苏轼的茶诗中看宋代茶文化的特点[J].四川民族学院学报,2010,19(3):50-52.

[34] 虞文霞.宋代两篇名茶重要文献考释[J].农业考古,2013(5):303-306.

[35] 王璇.宋代茶文化与宋代士大夫意识[D].无锡:江南大学,2009.

[36] 岳晓灿.宋代咏茶诗词的审美研究[D].南京:南京师范大学,2012.

[37] 袁瑾.佛教、道教视野下的焰口施食仪式研究[M].北京:宗教文化出版社,2013.

[38] 刘学忠.在宋词中"汤词"不宜混作"茶词"——关于沈松勤《两宋饮茶风俗与茶词》一文几个问题的商榷[J].阜阳师范学院学报(社会科学版),2005(2):33-35.

[39] 黄晓枫.成都平原考古发现的宋代茶具与饮茶习俗[J].四川文物,2012(2):42-49+89.

[40] 孙健三.孙明经1939年的茶马古道影像考察[A].茶马古道文化遗产保护(雅安)研讨会论文集[C].北京:文物出版社,2012:181-199.

[41] 阚波.茶马古道的历史沿革与申遗冷思考——以川藏官道为例[D].四川:四川师范大学, 2011.

[42] 雅安市文物管理所.茶马古道(雅安段)文物撷珍[J].四川文物,2010(3):96.

[43] 四川省文物考古研究院.茶马古道新添——冷碛段调查简报[J].四川文物,2012(2):65-72.

[44] 杨娅,沙志辉.南路边茶研究综述[J].阿坝师范高等专科学校学报,2014,31(2): 37-42.

[45] 余悦,高文文.元代茶曲创作与茶事生活反映(上)[J].农业考古,2014(2):131-137.

[46] 刘瑛.元代的茶法和茶叶生产[J].中国茶业,2006(3):42-44.

[47] 林玉洁.明代茶诗与明代文人的精神生活[D].长沙:中南大学,2012.

[48] 韩旭.中国茶叶种植地域的历史变迁研究[D].杭州:浙江大学,2013.

[49] 蔡定益,周致元.明代贡茶的若干问题[J].安徽大学学报(哲学社会科学版),2015(5):99-107.

[50] 张岳.养生史视角下的中国明代茶文化研究[D].北京:中国中医科学院中国医史文献研究所, 2012.

[51] 赵兰涛,张文倩.形式与内涵——论陶瓷盏托到盖碗的设计演变[J].陶瓷学报,2016, 37(4):435-440.

作者简介

自幼热爱中国传统文化、古诗词；琵琶十级。

四川农业大学茶学硕士，本硕均为茶学专业，2015年米兰世界博览会"百年世博中国茶文化国际推广大使"，国家一级评茶技师，茶艺技师，中国茶叶学会专业技能水平评价员，茶艺作品获全国一等奖两项、二等奖三项、省市奖多项。

2014年，公派德国南威斯特应用技术大学进行中国茶文化交流。

2015年，入选"中国大学生茶艺团"，赴米兰展示"中国故事中国茶"。

2015—2018年，茶企任职，行走全国近30市县名茶产区，深入行业一线，专注茶叶品控与文化传播。

2019—2022年，高校任教，讲述《生活中的国茶文化与美》。

杨瑞

　　"茶事小考"品牌创始人，愿以毕生热情
弘扬中国茶文化，分享"老百姓喝得起"的好
茶，帮助更多的人回归内心的自在与安宁。

茶与山，人与事，
都在这里，
等待你的到来。

图书在版编目（CIP数据）

国茶档案：蒙顶黄芽 / 杨瑞著. -- 成都：四川科学技术出版社, 2024. 9. -- ISBN 978-7-5727-1250-0

Ⅰ. TS971.21

中国国家版本馆CIP数据核字第2024M8Q604号

 国茶档案·川茶篇

国茶档案　蒙顶黄芽
GUOCHA DANG'AN MENGDING HUANGYA

杨瑞　著

出 品 人	程佳月
策划编辑	林佳馥　邹小工
责任编辑	张 琪
营销编辑	鄢孟君　杨亦然　赵 成　朱 荷
装帧设计	四川省经典记忆文化传播有限公司
责任出版	欧晓春
出 版	四川科学技术出版社
发 行	地址 成都市锦江区三色路238号　　邮政编码 610023
	官方微博 http://e.weibo.com/sckjcbs
	官方微信公众号 sckjcbs
	传真 028-86361756
成品尺寸	170mm×240mm
印 张	16.5
字 数	330千
印 刷	四川华龙印务有限公司
版 次	2024年9月第1版
印 次	2024年10月第1次印刷
定 价	98.00元

ISBN 978-7-5727-1250-0

邮　　购：成都市锦江区三色路238号新华之星A座25层　邮政编码：610023

电　　话：028-86361758